# 容易上手的家庭蔬菜种植

主编　王　莅　朱　鑫　王俊杰（排名不分先后）

编者　王　萱　李　响　张晓磊

U0324963

天津出版传媒集团

天津科技翻译出版有限公司

**图书在版编目(CIP)数据**

容易上手的家庭蔬菜种植 / 王莅, 朱鑫, 王俊杰主编. —天津: 天津科技翻译出版有限公司, 2014.1(2024.6重印)

ISBN 978-7-5433-3300-0

Ⅰ. ①容… Ⅱ. ①王… ②朱… ③王… Ⅲ. ①蔬菜园艺 Ⅳ. ①S63

中国版本图书馆 CIP 数据核字(2013)第 226541 号

出　　版:天津科技翻译出版有限公司
出 版 人:方　艳
地　　址:天津市南开区白堤路244号
邮政编码:300192
电　　话:(022)87894896
传　　真:(022)87895650
网　　址:www.tsttpc.com
印　　刷:唐山鼎瑞印刷有限公司
发　　行:全国新华书店
版本记录:710mm×1000mm　16开本　16印张　150千字
　　　　　2014年1月第1版　2024年6月第2次印刷
　　　　　定价:38.00元

(如发现印装问题,可与出版社调换)

# 前言 Preface

在高楼林立的市区，在快节奏的都市旋律中，谁不想拥有一处放松身心的方寸空间，谁不想拥有一个与家人、朋友聚会小酌的世外桃源？那么如何打造一处温馨的家庭菜园，使你拥有一处 8 小时以外的休闲场所，拥有一处属于自己的开心农场，拥有一处安全放心的蔬菜超市，本书将给你答案。

在家中种植蔬菜等植物，不仅能美化环境，而且还有助于休闲健身，目前已成为一种全新的时尚。家庭菜园让人们可以随时从都市的喧嚣中、从电脑的屏幕前回归到大自然，切身体验农作乐趣，享受乡土情趣，在辛勤劳动后体验丰收的喜悦，品尝自己亲手种植的安全、放心的食品。同时，家庭菜园作为都市绿化的一角，又起到了净化空气、增加都市绿化面积、循环利用生化垃圾等作用。

家庭种菜可根据家庭现有环境条件包括阳台、露台、庭院、顶楼及露地等场地种植，其主要具备安全保健、绿化环保、休闲科普等特点。

**1. 安全保健。** 家庭菜园是安全的新鲜菜园，更是家居的天然氧吧。据多项社会调查显示，随着人们生活水平的提高，人们的饮食需求开始由以前的温饱型，到后来的品质型，逐渐转化到现今的绿色健康型。近年来，蔬菜安全问题已成为社会各界热议的话题，蔬菜是否有农药残留，水果是否有激素等等，这些问题由于关系到健康而备受关注。农药和化肥的过度使用，使市场上的果蔬产品让人食用起来很不放心，从而使人们产生了自给自足种植绿色蔬菜的念头。家庭种菜能保证蔬菜从下种到生芽、开花结果全程无污染，在自家的农场就可采摘到新鲜、安全的蔬菜水果。

**2. 绿化环保。** 充分利用自家的空间种植蔬菜水果等作物，可增加城市的绿色覆盖面积，起到美化和净化环境的作用。科学研究表明，绿色植物可以为家里提供氧气和负氧离子，吸收二氧化碳，有些蔬菜还可以吸收空气里的有毒物质，起到净化空气的作用。比如露台种植还可使居室冬暖夏凉，节能减排。具备屋顶菜园的建筑物，夏季室内气温通常可以降低5℃~6℃，冬季可以提高室内温度2℃~3℃。此外，用于栽培果蔬的肥料可以充分利用厨余，经过充分的腐熟发酵，施用给自己种植的植物；其种植土也可以利用生活垃圾，通过植物吸收起到净化生活环境的作用，这也是处理城市生活垃圾的一种方式。

**3. 休闲科普。**家庭菜园为居家老人提供了怡情愉悦的生活空间，为小孩提供了科普教育的学习素材。城市中的退休老人可以在枯燥单调的生活中找到新的乐趣，在家打理着菜园，通过与泥土、肥料、种子、园艺工具等打交道，既锻炼了身体，又陶冶了情操，种植出比市场更干净的时令蔬菜，为家庭提供自己的劳动果实，进而获得了快乐。同时，家庭种植为小孩提供了一次难得的学习机会，教他们认识各种蔬菜作物及植物生长的全过程，让他们参与劳作，亲近自然，体验收获的乐趣。

由于家庭种植蔬菜刚刚兴起，在这一领域也缺乏具有可操作性的指导性专著，许多种植爱好者还不能掌握种植技术，因此为了让广大城市居民能够实现自己"家庭生态小菜园"的梦想，笔者编著了本书。本书详细介绍了几十种适宜进行家庭栽培的农作物栽培方法和注意事项，重点向种植爱好者推介的均是适于家庭种植；尽量通过深入浅出的方式详尽地叙述从播种、育苗到采摘各个阶段的技术要点，同时着重介绍了不同蔬菜品种对水肥、温度的不同要求以及所需采取的种植管理方法和要注意的事项，以期为广大种植爱好者提供切实可行的种植技术。此外，本书还介绍了各种蔬菜的营养功效、食用宜忌及营养成分，并推荐了一些美食，给读者一些种菜选择上的参考。

在编写过程中，本书力求突出科学性和可操作性，使理论知识深入浅出，操作技术切实可行。但由于本书涉及蔬菜品种多、任务紧，书稿的组织和编辑校对等工作中难免出现误漏，敬请广大读者批评指正。

编　者

2012 年 8 月

# 部分美味蔬菜索引

# 目录 Contents

## 第一部分　家庭种菜的基本知识

# Contents 目录

## 第二部分　适合家庭种植的蔬菜

葱 P136

木耳菜 P150

苋菜 P153

牛皮菜 P157

羽衣甘蓝 P160

水果黄瓜 P164

南瓜 P168

五彩辣椒 P176

苦瓜 P180

乌塌菜 P187

五彩樱桃番茄 P190

迷你南瓜 P194

球茎茴香 P201

豇豆 P204

菜花 P208

紫背天葵 P212

白背三七 P216

叶用枸杞 P220

秋葵 P228

罗勒 P235

第一部分

# 家庭种菜的基本知识

# 1 家庭菜园的整体规划

随着城市化的快速发展，城市生活日益多元化，追求绿色、环保、天然已经成为当今的一种时尚。在城市生活空间越来越立体的情况下，家庭菜园越来越符合现代都市人的需求。拥有自己的"家庭生态小菜园"更成为许多都市人的梦想。无论是从健康天然还是从怡情养性或是美化生活来说，家庭种菜无疑是好处多多。只要你想种菜，空间不是问题，根据自家的居住条件，选择适合家庭种植的场地和种植品种，就能拥有一处好菜园。下面介绍一下常见种植场地的规划。

## 阳台菜园的规划

阳台种植蔬菜需要注意阳台朝向和阳台封闭的情况。朝向决定光照，封闭情况则决定温度，而其中朝向则相对比较重要。

**朝向：**在温度允许的条件下，一般要根据阳台朝向选择蔬菜。朝南阳台为全日照，阳光充足，通风良好，是最理想的种菜阳台，因此一般蔬菜一年四季均可在此种植。朝东、朝西阳台为半日照，适宜种植喜光耐阴的蔬菜，如洋葱、小油菜、油麦菜、丝瓜、香菜等，但朝西阳台夏季西晒时温度较高，会使某些蔬菜产生日灼，轻者落叶，重者死亡，因此最好在阳台角落处栽植蔓性耐高温的蔬菜。朝北阳台全天几乎没有日照，蔬菜的选择范围最小，应选择耐阴的蔬菜，如莴苣、木耳菜、韭菜等。

**封闭情况：**全封闭阳台受温度限制较小，冬季也可以进行种植，因此可选择的蔬菜范围也比较广，基本上一年四季都可以栽种蔬菜。半封闭或未封闭阳台冬季温度较低，尤其是北方，一般不易在冬天栽种蔬菜，而夏天太阳直射导致温度过高，也要注意遮光保护蔬菜。

## 露台菜园的规划

**空间设置**：要根据实际情况，将露台划分为两个或多个区域，包括操作区、种植区。操作区根据个人爱好和需要而定，一般设立在入门处。种植区则要根据朝向、遮挡等因素来选择种植品种，如果种植多种蔬菜，还应考虑种植品种高矮适宜，不会互相影响。为了充分利用露台，不同季节也应选择不同品种。

**菜园设计**：露台菜园的设计本着实用为主、观赏为辅、实用美观相结合的原则，露台栽培果蔬可以利用花盆、塑料箱、泡沫箱、木箱等容器限域栽培（多为叶菜类），也可利用墙壁、隔断等进行藤架式、附壁式栽培（多为瓜果类蔬菜），或应用栽培槽式栽培（多为株型高大的果蔬）。

**排水及防涝**：排水要顺畅。未封闭的露台遇到暴雨会大量进水，所以露台地面要有水平倾斜度，使水能顺利流向排水孔，安装的地漏要保证排水顺畅。露台上修建栽培槽时也要设计好栽培槽底的排水沟或孔。如果有条件可以设计成雨水收集可重复利用的排水系统。防水要专业，屋顶露台种菜建议做二次防水，且二次防水的施工标准要符合国家有关规定。

**种植安全问题**：要考虑对于建筑物本身的安全防护，比如屋顶露台的荷载能力，有少部分屋顶露台的承重能力是有限的，并不适合种菜。对于能种菜、种果树的屋顶露台，在砌栽培槽、放置泡沫箱及花盆时，也还需要根据屋顶的承重结构合理规划，应放在下面是承重墙的屋顶处，而不适合放在跨度比较大的楼板中央。需要注意的是，如果露台没有防护栏且需要把盆栽植物放置在露台上，考虑到风速及人为影响，在露台外需要加上材料结实的护栏，避免花盆或植株刮掉或坠落砸伤他人。

### 庭院菜园的规划

**种植场地选择**：庭院种菜主要以有土栽培种植方式为主，一般不采用容器种植，而采用直接作畦种植为宜。在种植前，应首先对种植场地进行选择和规划。种植地块一定要选择在向阳的地方，周围没有遮挡物。另外，大部分蔬菜不喜欢把根浸泡在水里，所以种植地块不应选择低洼的地方。此外，种植地块的选择也要考虑是否方便浇水和管理。如果庭院足够大的话，可根据地形和位置把种植场地分成几大块。除用于种菜的空间外，还可安排育苗场地、制作堆肥和放置肥料的场地。育苗场地的选择要向阳和背风，也要比较通风，以免空气不好引发病虫害。

**整地**：种植地块可用铁锹进行翻整，深翻晒土，精细整地，使土壤疏松，有利于根系的发育。由于夏季雨水多，一般翻耕、整细、耙平土壤后，宜做高垄或高畦定植。菜畦的形状可根据自己的喜好选择，可以是长条的，也可以是方块的，或者其他形状。但不管是什么形状，都要以从周围能够得着中间的菜、管理操作比较方便为原则。此外，菜畦与菜畦之间要留出通道，通道的宽窄以方便走动和操作为宜。

## ② 家庭种菜的容器如何选择

一般涉及种植容器的，主要就是阳台、露台种菜。种菜容器需要满足以下几个条件：一是结构要足够稳定，不能在种菜的过程中散架子；二是要有植物生长的足够空间，要根据不同种类蔬菜的要求确定容器的大小；三是要有排水

家庭废弃的塑料盒是很好的生芽菜类蔬菜种植容器

上图:广口塑料花盆

下图:广口塑料花盆内排水网

上左图:圆口花盆;上中图:塑料箱;上右图:泡沫箱

下左图:旧水桶;下中图:木桶;下右图:专用基质栽培袋

孔,如果容器本身没有排水孔,记得要在种菜之前人工钻一些排水孔,大小和多少根据容器本身的大小来定,且要保证排水通畅。为避免浇水时泥土流失,可用碎的花盆片、瓦片、窗纱、粗沙砾或小石子覆盖住排水孔,要求既能挡住排水孔,又能保持排水通畅。除了种花用的花盆外,可根据自身条件,将生活中的许多废弃物品改装成种菜容器,如旧的塑料桶、塑料盆、泡沫箱、铁皮箱、铝皮箱、木头箱、装食品的旧铁盒子,甚至麻袋、厚塑料袋等。另外,还可以自己动手制作简易的种菜容器,如简易木箱、简易栽培槽等。

## ③ 准备种植工具

合理选择种植工具不但可以节省人工、资源,往往还能起到事半功倍的效

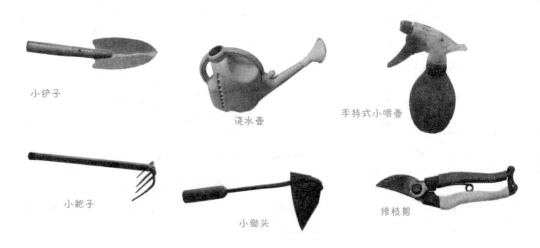

小铲子    浇水壶    手持式小喷壶

小耙子    小锄头    修枝剪

果。浇水壶、手持式小喷壶、水桶、水勺、修枝剪、小锄头、小铲子、小耙子、干湿球温度计、铁锹等均是必不可少的种植工具。

**浇水壶、手持式小喷壶、水桶、水勺**:蔬菜苗期及叶菜类蔬菜种植时要用浇水壶淋浇,当播种的种子刚刚发芽至长真叶前,根部和土壤接触不牢,水流大就会冲走小苗,影响它的正常发育和生长。水桶用来提前盛放自来水,放置一段时间待水中的氯完全挥发干净后再用来浇菜。

**修枝剪**:用来剪除过密及老化的枝叶。

**小锄头**:挖土、松土必备。

**小铲子**:挖坑、移苗必备。

**小耙子**:挠土,清理花盆或种植槽内烂叶、烂根,松表层土壤必备。

**干湿球温度计**:用来实时观察温湿度变化情况。

# ④ 种植品种的选择及购买

除了根据个人的喜好外,还要根据环境条件来进行品种的选择。如果空间大可种植植株比较高大的果菜类蔬菜,如辣椒、南瓜等;空间相对小可选择叶菜类和芽菜类蔬菜进行种植,如小白菜、油菜、绿豆芽等。光照条件好可选择喜光蔬菜,如黄瓜、番茄等;光照条件不好可选择耐阴的蔬菜,如韭菜、木耳菜等。

庭院种植还要考虑季节问题,春季到秋季以选择种植应季菜为主,冬季一般不能种植。春季可种植较耐寒的叶菜,4~5月份可种植喜温的果菜类,比如黄瓜、辣椒、番茄等,这些蔬菜收获后可种植耐热的叶菜,比如小白菜、香菜等,到秋季可种些喜冷凉的叶菜类。还可选择长季节栽培的蔬菜,同时可实行高矮品种间作套种,以增加种植的观赏性。植株较高的蔬菜要种在北边,株型矮小的蔬菜种在南面,使菜与菜之间不会因为互相遮挡阳光而影响生长。

种子的购买要选择正规的种子销售商店,通常在园艺花店、种子门市部、部分农业园区、设施农业基地等地方,都可以买到需要的种子或菜苗,还可以足不出户在家网上订购。为保证种子的品质及出芽率,应以大公司的蔬菜种子为首选。

## ⑤ 寻找什么样的种植土壤

城市里土壤比较难找,富含有机质的土壤更是少见,因此首先介绍几种可替代土壤的基质。基质要选择成本低、能透气、性能好、固根牢、保水强的材料,一般选用炉渣、沙砾等无机粒状的基质较好。炉渣质轻、搬运方便、持水性好,适宜楼顶、阳台、平房顶等场地使用;沙砾较稳定、易清洗、好消毒、持水性差、质地较重、不易搬运,宜在庭院、露地使用。一般选用粒径0.1~0.5毫米、1.0~2.5毫米和2.5~5.0毫米三级颗粒各为1/3的混合,总孔隙度可达45%~50%,其中空气孔隙占25%。多次使用的基质,应先过筛后放入水池或适宜容器里,不断搅拌,流水冲洗,漂去残根和污物,然后加入0.1%高锰酸钾或0.1%甲醛溶液浸泡12~24小时,用流水冲净后再使用。种植芽菜类蔬菜所需要的基质很简单,既可以使用纱布,也可以使用洁净的河沙,还可以使用厚纸片等。如使用河沙,每次用完后都要进行晾晒和消毒。

如果有发酵场地和条件的家庭,可以自己堆制营养土。秋季收集松针叶、柳树叶、杨树叶,单独或混合装入大花盆、黑色塑料袋或大缸内,一层树叶、一层泥炭土或翻盆下来的陈土,再加入1/4的人粪尿和少许硫酸亚铁或柠檬酸铁,浸足水后封盖,压实。经过一个秋冬季的发酵便制成了营养土。也可利用家中的食物下脚料自制营养土:先在缸中铺一层陈土,把家中各种食物下脚料、瓜果皮、动物下水等加

在上面,再铺一层陈土,稍压实,浇些淘米水,以后有了各种下脚料再铺在上面,再加一层陈土,这样一层隔一层,经3~6个月腐熟后,翻拌使其混合均匀,让它慢慢干燥,就可以作为种植蔬菜的营养土使用。也可以购买配好的营养土或基质。需要注意的是,如果是从野外取回的未种过菜的土壤,应该先进行晾晒、过筛,再混入腐熟好的基肥或有机肥,再装盆使用。

自然状态下土壤是微酸性的,大部分蔬菜在微酸性或中性的土壤中生长较好,但有些蔬菜却在偏碱性的土壤中才能长得好,另有一些蔬菜则喜欢酸性较大的土壤。因此必须了解准备种植蔬菜的不同习性,同时也要了解自家土壤的酸碱性。土壤准确的酸碱度可用在化学用品商店中买到的pH试纸进行测量。pH值7为中性,低于7为酸性,数值越小说明酸性越大;高于7为碱性,数值越大说明碱性越大。如果土壤太酸,可撒石灰石粉(主要成分是碳酸钙)或草木灰来矫正。石灰石粉见效比较慢,但肥效比较长;而草木灰虽见效比较快,肥效却比较短。要使pH值上升0.5~1,每平方米需撒石灰石粉约250克(半斤左右)。如果土壤碱性较大,可撒天然硫黄矿石粉来调整,要使pH值降低0.5~1,每平方米需撒硫黄矿石粉25克左右。

## ⑥ 家庭自制有机肥料

蔬菜所需的养料一部分来自空气,另一部分则来自土壤。土壤中的养料需要不断加以补充,才能源源不断地供给蔬菜生长所需,因此必须给蔬菜施肥。传统的天然肥料,像畜粪、禽粪、稻秆、落叶、草木灰等,埋到地里后就腐化分解,变成腐殖质。腐殖质能促进微生物和蚯蚓的滋生,而微生物和蚯蚓又能腐化分解更多的天然肥料,这样土壤就越来越肥沃。植物在肥沃的土壤中生长就会长得很健壮。另外,天然肥料中的养料很全面,而腐化分解是个缓慢的过程,植物就可以慢慢地吸收各种养料。这样植物虽然长得慢一些,各部组织却能得到均衡的发育,因而长得更健康,也特别有味道,这是施用化肥等所达不到的。

我们日常生活中可以作为肥料的东西很多,它们用于家庭种植蔬菜,既经济实惠又可保证蔬菜的安全性。

麻酱渣:家里长时间放置的麻酱底是沤制高效有机肥料的好原料。沤制液肥的大体过程:将麻酱渣粉碎后置于罐头瓶中,加10倍量的水搅拌均匀后加盖盖严。夏季15天左右便能发酵,泡制成腐熟了的浆状发酵物。使用时,根据用量再加水稀释20~50倍,仔细搅匀后,便制成了浓茶色的上等有机液体肥料。沤制和施用麻酱渣必须注意以下几点:第一,施用的液肥必须充分腐熟;第二,必须按一定比例加

水稀释降低浓度后,方可使用,且应以少量多次施用为宜。除了沤制液肥外,还可以将麻酱渣、豆粕饼与园土按1:5混合,经堆积腐熟,粉碎制成颗粒肥料,作为基肥施用。

豆渣:现在许多家庭自制豆浆,剩下的豆渣也是非常好的肥料之一。它本身

就含有蛋白质、多种维生素和碳水化合物等营养物质。制作过程:将豆渣收集装入大可乐塑料瓶中,加入5倍清水,密闭瓶口,使其充分发酵,发酵时应注意瓶内要留有空气,因为发酵过程中微生物要进行有氧呼吸。夏季10天左右,春秋季20天左右即可使用,使用时再按1:1的比例加入清水。

淘米水、洗肉水、洗鱼水、剩牛奶等:找一个大口径的塑料瓶或塑料桶,把我们日常生活的淘米水、洗肉水、洗鱼水、剩牛奶、洗酸奶瓶的水等倒进去,再加点烂菜叶、苹果皮、鱼内脏等,然后盖紧瓶盖促进发酵,同时要防止臭味溢出。隔段时间摇晃混合几次,经过一段时间的放置,就可以经稀释施用了。此外,不要担心臭味,因为发酵完全的液体臭味会随之消失。

中草药渣:中药煎煮后的剩渣是一种很好的养花肥料。因为中药大多是植

物的根、茎、叶、花、实、皮以及禽兽的肢体、脏器、外壳,还有部分矿物质,其含有丰富的有机物和无机物,植物生长所需的氮、磷、钾类肥料在中药里都有。用中药渣做肥料,对种植有很多益处,而且还可以改善土壤的通透性。制作过程:首先将中药渣装入缸、钵等容器内,拌进园田土,再掺些水,沤上一段时间,待药渣腐烂变成腐殖质后方可使用。一般都把药渣当做底肥放入盆内,也可以直接拌入栽培土中。

**草木灰**:收集完全干的树叶或枯草,使其充分燃烧,剩下的灰烬是一种很好的钾肥,种植果菜类蔬菜时,在结果期施入一定量的草木灰,可以促进果实膨大,同时草木灰还有防治病虫的作用。

**海藻液肥**:可以将海藻洗净,放在容器中,加入等量的水,密封3个月。然后用半杯肥兑一桶水的比例稀释,是非常好的钾肥。适合给幼苗及茄果类蔬菜和根类蔬菜施用。

**大豆液肥**:大豆中含丰富的氮和磷。将大豆浸泡一夜,煮熟后放在容器中加一些草木灰,加入等量水,密封 2～3 周后,兑水施用,是非常好的肥料。没有完全腐烂的豆渣可以埋入土中做肥料。

**通用液肥**:将堆肥装在麻布口袋中,浸泡在水里,待液体呈现茶色后施用。

另外,如果家里的庭院较大,还可以自己制作基肥。方法:挖一土坑,深60~80厘米,垫10厘米炉灰末,将烂菜叶、禽畜内脏、鱼鳞、鸡鸭粪、蛋壳、肉类废弃物及碎骨等物放入坑内,撒一些杀虫剂,上面再盖一层约10厘米厚的园土,坑内保持湿润,以促进肥料腐熟。自制肥料最好在秋冬季堆制,经春季升温腐熟无恶臭气体时,即可掺入培养土中做基肥;也可用4毫米筛子趁湿过筛搓成团粒,细的做追肥,粗的做基肥。堆制基肥的过程中如果放入蚯蚓,效果更好。也可直接购买商品有机肥,目前市场上商品有机肥多为腐熟的鸡粪。

## ⑦ 了解一下家庭种菜的辅助措施

　　家庭种菜与实际生产种植相比有很多的局限性,这就需要采取一些辅助措施,为蔬菜更好地生长提供良好的条件。

　　**增加温度:** 蔬菜在出苗阶段所需温度较高,阳台或露台温度达不到时,可将塑料袋罩在花盆上, 有如实际生产上的小拱棚,以达到提高温度、保证湿度的效果。而庭院种植早春或秋季的蔬菜时,若地温不够,可采用覆盖地膜的辅助措施。地膜可去农资商店购买, 也可用家居的塑料薄膜代替。不但可起到升温保墒的作用,还可以除灭杂草。

一般在出苗阶段使用,可提高温度、保持湿度

　　**防止鸟食:** 有些蔬菜例如番茄,在果实成熟时特别吸引鸟类啄食,此时可以在盆内用竹竿搭个支架,外罩一个纱网,纱网用普通窗纱即可。有些矮生蔬菜如韭菜,春天刚出苗时鸟类也喜欢啄食,此时可用装橘子的塑料小筐倒扣过来防止鸟啄。

加扣一个小筐可防止鸟类来
"掠夺"我们的劳动果实

　　**遮阳防晒:** 为防止夏季强烈阳光的照射损伤幼嫩的蔬菜枝叶,可以利用遮阳网或采用比较坚实的纺织品做成遮阳篷。遮阳网可以采用高密度聚乙烯材料生产的抗老化、耐用、遮阳率在40%~70%的遮阳网,遮阳率要适中,如辣椒可选用遮光率为50%~70%的网,黄瓜喜光可选用遮光率在40%~50%的网。遮阳

篷本身不但具有装饰作用,而且还可遮挡风雨。遮阳篷可用竹帘、遮阳面料、复合木百叶帘来制作,做成可以上下卷动的或可以伸缩的,以便按需要调节阳光照射的面积和角度。

**增加节水灌溉设施:**有条件的家庭可以铺设简易管道给水系统,配合滴灌、渗灌、喷灌等设备,既有利于植物生长,又节约水源,同时微型喷灌还可以作为降温、加湿设备,成为别致的景观。此外,还可以采用水培、气雾培方式(如管道栽培、漂浮板栽培),为植物根系提供最为充分的水分保障,又无需繁琐的浇水管理,适合都市人的管理操作。

## ⑧ 家庭种菜的常见病症及其原因

蔬菜苗徒长、植株细长、不结果是因光照不足或氮素过量,应该将容器搬到光照充足的地方,减少肥料的施用量。

蔬菜苗从底部开始发黄、缺乏活力、颜色黯淡是因为浇水过多,肥力不足,应该减少浇水次数,检查容器排水是否良好,增加施肥次数,但不可一次施用过多,要薄肥勤施。

尽管浇水充分菜苗仍然萎蔫是由于排水和通风不良,应该增加容器的排水孔,及时给花盆或种植槽中耕松土。

叶上或果实上有黄斑、枯斑、粉斑或锈斑是病害,应该除掉患病部位。

叶背虫咬、其上有不规则虫道或植株上弥漫有小飞虫是虫害,应该采用安全方法除虫。

## ⑨ 家庭可使用哪些病虫害防治方法

家庭种菜除了增加生趣、美化生活环境外,更主要的是能够吃到自己种植的绿色蔬菜甚至是有机蔬菜。而做好病虫害的预防措施,往往能够起到事半功倍的作用。

改良土壤、增强蔬菜抗病能力是预防病虫害的根本之计。翻耕土地,可以控制地老虎、棉铃虫、蚜虫、蝼蛄之类的害虫,可防止害虫在上面产卵。开春栽种之前再把地翻耕一遍,可除灭大部分残留的害虫。翻耕的深度至少15厘米。

要保持周围环境卫生清洁,及时防除杂草、摘除病叶,不给害虫、病菌立足之地。土壤太湿以及空气滞浊也会导致多种病害,如根腐病等,所以要注意菜园的排水并保证良好的空气流通,使土壤不致太潮湿。

采用多样化种植的方式,也能减少病虫害的发作。比如番茄和白菜种在一起,可以驱除菜粉蝶。合理轮作、选用抗病虫害能力强的优良品种、选择适宜的栽种时间等,都是预防和控制病虫害的重要方法。另外,还可以在菜园周围种植些有驱虫作用的植物,如艾菊可以驱蚁等。

另外,家庭种植面积小,病虫害发生程度较轻,因此如果出现潜叶蝇、钻心虫、棉铃虫、蚜虫等可固定在植株上的害虫时,建议还是采用人工捕捉的方法,一般虫害出现初期连续捕捉两天就可彻底消灭。对于粉虱这类易迁飞的害虫,建议采用黄色粘虫板粘逮的方法,一只手手持黄板,另一只手摇动植株,使粉虱飞动起来,植株与黄板之间大约15厘米,由于粉虱对黄色有很强的趋向性,所以会飞到黄板上,继而被粘住。黄色粘虫板市场有售,也可自己制作,将硬塑料板

黄色粘虫板

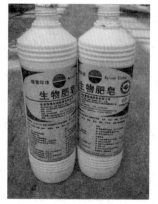

生物肥皂

或纸板先涂上黄色油漆,晾干后,再涂上有黏性的机油即可,随用随做。家庭种植若需要用药,防治方法上也不能等同于生产实际,应选择生物性、有机农药,如生物肥皂、苏云金杆菌等防治虫害。在此介绍几种环保型的适于家庭种植使用的病虫害防治方法。

**草木灰法**:落叶、秸秆、谷壳、果藤、稻草、木柴、杂草等燃烧后的残灰,含有大量的氧化钙和碳酸钾,呈碱性。用草木灰沟施或穴施于蔬菜根部周围,对葱、蒜、韭菜、瓜类蔬菜的害虫,如种蝇、葱蝇的蛆有极好的防治效果。在早晨有露水时,将草木灰撒施在瓜地周围的土面和瓜叶上,能有效杀灭黄守瓜等害虫。用草木灰浸泡于清水中,一昼夜后过滤取滤液喷施,可防治菜蚜、蓟马等害虫,效果为95%以上。草木灰同时又是很好的肥料,能提高蔬菜的抗性,有显著的增产效果。

**红糖液法**:取红糖300克放入500毫升水中,待完全溶化后加入10克酵母,每天搅拌1次,放置约20天后表面会出现一层白膜,此时再加米醋、白酒各100克,兑水50千克。喷洒于发病的黄瓜,隔7天喷1次,能有效防治黄瓜灰霉病和细菌性角斑病。

**尿洗合剂法**:用尿素5克、洗衣粉2克加清水1千克搅拌配成尿洗合剂,待洗衣粉全部溶解后喷雾,不仅对蔬菜蚜虫有较好的防治效果,而且具有促生长的作用。但尿洗合剂要现配现用,以防尿素挥发失效。

**石灰法**:雨季在地势低洼、土壤湿度大的地方生长的叶菜类蔬菜易受蜗牛为害,一般用药剂防治难以奏效。抓住晴天或阴天露水干后空气湿度较小的时机,将过筛的干细石灰粉撒于菜坑四周或菜行间土面上。当蜗牛爬过,身上所沾石灰会使其软体干燥失水死亡,但阴雨天使用该法杀虫无效。

**面粉糊法**:取250克面粉加2千克水调湿,放在盆或桶内,再加入8千克开水充分搅拌均匀,冷却后直接喷洒在受红蜘蛛为害的菜叶背面,大约10分钟,红蜘蛛就会被面糊粘住而死。喷施时间以下午2时后为佳。

**高锰酸钾法**：用高锰酸钾800倍液，于茄果类蔬菜定植活棵后灌根，可预防枯萎病、猝倒病。如已发生枯萎病蔫苗，可立即用400倍液灌根，有效率达80%以上。用高锰酸钾800倍液还可防治细菌性病害。配制高锰酸钾溶液必须用未污染的清水，随配随用，否则会降低药效，甚至失效。

**食醋法**：棉球蘸些食醋揩花叶，可令介壳虫、红蜘蛛、蚜虫等骚动不安，然后扫下来集中消灭。

**花椒水法**：用花椒50~100克，加水500克左右在锅中煮沸，熬成原汁，施用时加水10倍稀释喷洒，用来喷于受白粉虱、蚜虫、介壳虫为害的蔬菜，杀虫效果显著。

**柑橘皮驱虫剂法**：柑橘类的水果含有柠檬烯和芳樟醇，可以杀死蚜虫、菌蚊、粉蚧等软体害虫，还可以驱蚁。用2杯沸水冲泡一只柑橘皮，放置24小时后，加入几滴药皂皂液，即可喷洒。

**辣根除虫剂法**：可治蚜虫、毛虫、菜粉蝶及各种软体害虫，包括鼻涕虫在内。将3升水煮沸，加入2杯3厘米辣根切碎的红辣椒。搁置1小时后，冷却滤渣，喷洒。如果能加入2杯天竺葵叶效果会更好。

**辣椒液法**：取新鲜小辣椒50克加30~50倍清水，加热半小时，取滤液喷洒，可有效防治蚜虫、地老虎、红蜘蛛等病虫。或取辣椒叶加少量水捣烂后去渣取原液，将7份原液与13份水混合，再加入少量肥皂液搅拌喷雾，对蚜虫、红蜘蛛防效显著。

**大蒜驱虫剂法**：可除蚜虫、粉纹夜蛾、蚂蚱、螨、南瓜椿象、鼻涕虫和菜粉蝶等害虫，还可以驱除兔子。大蒜中含硫，所以也有很好的杀菌消毒作用。将蒜瓣切末，在植物油中浸泡24小时，然后取两汤匙兑半升水，再加一汤匙药皂皂液，喷洒。这样制成的药液放置数月后仍然有效。注意：温度高于26℃时不要使用，湿度太大时也不宜使用，以免造成烧伤。

**肥皂液法**：取肥皂和热开水按1∶50的比例溶解后喷施，因肥皂可堵塞害虫的呼吸器官致其死亡,对蚜虫、介壳虫有效。

**烟草液法**:烟草含有烟碱,对蚜虫、红蜘蛛、蚂蚁等有很强的触杀作用,也具有熏蒸和胃毒作用。取烟草末或烟丝20克,加水500克浸泡24小时后过滤,滤液再加入2%的肥皂水500克,喷于有虫患的叶面;也可不加肥皂水直接将滤液喷于盆土及盆底周围,可杀土壤中的害虫。

## ⑩ 常规农事操作

**播种**:蔬菜有两种播种方式,一种是先浸种催芽再带芽播种,一种是干籽直播。

❖**播种前的种子处理**:常见的种子处理方法为浸种,主要目的是消毒,因为种子上常常带有病菌,为减少苗期病害,播种前最好对种子进行简单的消毒处理。可以使用温汤浸种法,将种子在55℃~60℃的热水中浸泡10~15分钟,然后将水温降至25℃~30℃,继续浸泡3~4小时取出,浸种后,应用手将种皮上的黏液搓洗干净,漂去杂质及瘪子,并用清水冲洗干净,然后在适温下进行催芽。浸种所用的容器不允许带油、酸等物质。如果是包衣种子,因其表面附有杀虫杀菌的农药,不用热水浸泡消毒。

❖**催芽**:就是将吸水膨胀的种子置于适温下促进种子发芽。番茄、辣椒、茄子、黄瓜等果菜类种子发芽较慢,需要进行浸种催芽。催芽时用纱布或毛巾包裹种子置于温度适宜的环境中1~5天,直至种子发芽露白,即可播种。

❖**播种**:带芽播种和干籽直播有3种方法,即穴播、条播和撒播。穴播是按所设置的播种点挖穴播种;条播是按一定的距离开沟播种,然后覆土;撒播是把种子均匀地撒在土壤表面,然后覆土。

**疏苗**:又叫间苗。当实际播种量大于留苗数量时,要按照计划留苗数的要求,按照一定的株距去掉过密的菜苗,留足基本苗,去掉弱苗和小苗,使菜苗大小一致,分布均匀。

定植:是指蔬菜幼苗生长到一定时间或程度后从育苗的花盆中移到它今后生长的大盆或种植槽中,如黄瓜、番茄、茄子等。瓜类2~3片真叶,甘蓝类、白菜类在4~6片真叶时定植。定植时注意不要损伤菜苗幼嫩的根系,挖取菜苗前土壤要充分浇水,使根部多带土壤,这样不仅能减小对根部的损伤,而且能增加吸水力,使秧苗移栽后易成活。

浇水:植物生长需要水分,对各种蔬菜都要及时浇水,家庭种菜灌溉水源主要有雨水、自来水、淘米水等,但不能用家庭洗刷的污水,因为这些水含有各种污染物或油脂、盐分等,对植物生长不利。用自来水浇灌蔬菜之前最好是先把水放置一段时间,待水中的氯完全挥发干净后再使用,防止氯进入土壤里给蔬菜生长带来不利影响。淘米水含有一些营养物质可用来浇灌蔬菜。

施肥:底肥一般在种植前与栽培基质混合施用。后期还要根据生长情况,适当追肥。肥料有氮肥、磷肥、钾肥等。氮肥是促进蔬菜根、茎、叶生长的主要肥料,如豆渣类、麻酱渣、过期变质的奶粉腐熟后都可做追肥,施用时要避免将肥液浇在蔬菜的枝叶、花、果上,因为麻酱渣或饼肥为速效肥、肥效高,用做基肥时原料渣可直接混入栽培土中。磷肥可用鱼肚肠、肉骨头、鱼鳞、虾壳等富含磷质的杂物沤制发酵,骨粉、蛋壳粉等都是理想的追施磷肥。钾肥对提高蔬菜抗倒伏和抵抗病虫害的能力有显著效果,钾肥可用淘米水、残茶水等直接来浇菜,也可施用草木灰做基肥。家庭自制肥料施用时要掌握"薄肥淡施"的原则,适当稀释,适量施用,切忌施用过量。沤制肥料要完全腐熟后施用,不可用生肥。

整枝、打杈:一般茄果类和瓜类蔬菜需要进行整枝和打杈。整枝是摘除植株部分枝叶、侧芽、顶芽、花、果等,以保证植株健壮生长发育。打杈即砍去、切断或掐去植物不需要的枝、芽,使形态美观或结更多的果实。瓜类蔬菜主要是把多余的卷须去掉即可。

摘心:也叫打顶,是对预留的干枝、基本枝或侧枝进行处理的工作。摘心是

架材——竹竿　　　　　　　　　架材——木条　　　　　　　　　架材——合金钢管

根据栽培目的和方法,以及品种的生长类型等方面来决定的。当预留的干枝、基本枝、侧枝长到一定果穗数、叶片数(长度)时,将其顶端生长点摘除(自封顶的主茎不必摘心)。摘心可控制加高和抽长生长,有利于加粗生长和加速果实发育。

　　**绑蔓、搭架:**家庭种菜需要绑蔓和搭架的是茄果类和瓜类。茄果类一般是在植株根部附近的土壤中插入竹竿(或其他可支撑的木棍),再把植株松散地绑在竹竿上即可。瓜类因为是蔓生的,植株长,果实大,可以在栽培容器上搭架或者在花盆上方1~2米处设置一条横向绳子,然后在每棵植株上方设置一条纵向绳子,垂在植株根部附近,用绑蔓器把绳子固定在植株根部附近,植株即可顺着绳子生长。如果买不到绑蔓器,可以把纵向的绳子在植株根部附近打一个松散的活结。搭架的架材选用可因地制宜,废物利用,只要够结实不塌架都可以用,可以选用竹竿、木棒、PVC管及铝合金管材等等,也可以利用露台的墙角、房屋外檐固定支撑物(如绳索),再使植物攀援其上生长。架式主要可搭成人字架或篱壁架等。

第二部分

# 适合家庭种植的蔬菜

容易生芽且营养丰富

# 绿豆芽

**科属**：豆科菜豆属

**别名**：豆芽菜、银芽

**适合种植季节**：全年

**可食用部位**：下胚轴

**生长期**：播种后 5~7 天

**采收期**：胚轴长 5~6 厘米

**常见病虫害**：发霉、烂根

**易种指数**：★ ★ ★ ★ ★

**营养功效**

绿豆芽营养丰富，可清热解暑、保护肌肉，还能补肾、利尿、消肿，适用于大便秘结、小便不利、目赤肿痛、口鼻生疮等人群，还有降血脂、软化血管、治疗口腔溃疡等作用。

**食用宜忌**

一般人群均可食用，但脾胃虚寒的人不宜经常食用。绿豆芽宜与鲫鱼同食，不宜与猪肝同食。

**推荐美食**

银芽豆皮、豆芽炒肉、清炒豆芽、豆芽炒韭菜

　　绿豆芽是豆科植物的种子经浸渍后发出的嫩芽。绿豆芽营养丰富，易种好生。在发芽过程中，维生素C会增加很多，而且部分蛋白质也会分解为各种人体所需的氨基酸，可达到绿豆原含量的7倍，所以绿豆芽的营养价值比绿豆更大。

### 🖊 种子处理

　　**选种**：用清水洗净，洗种时注意将漂浮的豆子全部去除，这些是未成熟或者已经变坏的豆子，它们的发芽率都很低。

选择绿豆，一定要选籽粒饱满且无虫害的

绿豆芽培育第3天，用湿布盖着，看出来了么，生芽的盒子其实是KFC的

绿豆芽培育第4天，芽已露出来了

绿豆芽培育第6天，有的根已经很长了，着急的"农夫们"这会儿也可以吃了

这是绿豆芽培育第8天，芽体已长到6~7厘米了，赶紧食用吧，否则就要生根了

## 每100克绿豆的营养成分

| | |
|---|---|
| 蛋白质 | 21.6 克 |
| 脂肪 | 0.8 克 |
| 膳食纤维 | 6.4 克 |
| 碳水化合物 | 55.6 克 |
| 热量 | 316 千卡 |

| | |
|---|---|
| 维生素 A | 22 微克 |
| 维生素 B₁ | 0.25 毫克 |
| 维生素 B₂ | 0.11 毫克 |
| 维生素 C | 9 毫克 |
| 维生素 E | 10 毫克 |
| 泛酸 | 0.46 毫克 |
| 烟酸 | 0.5 毫克 |

| | |
|---|---|
| 钾 | 787 毫克 |
| 钠 | 3.2 毫克 |
| 钙 | 81 毫克 |
| 镁 | 125 毫克 |
| 磷 | 337 毫克 |
| 铁 | 6.5 毫克 |
| 铜 | 1.08 毫克 |
| 锌 | 2.18 毫克 |
| 硒 | 4.28 微克 |

**温汤处理：**将90℃~100℃的热水倒入消过毒的容器内，1千克绿豆冬季用1.2千克热水，春秋季用1千克热水，夏季用0.8千克热水。将绿豆倒入水中后不停搅拌，通过高温给休眠状态的种子以温度刺激，有助于豆粒发芽整齐一致，还可以将种子表面的部分病菌和虫卵杀死。

**浸种：**待水温降到30℃后，用20℃~23℃的水淘洗1~2次，保持20℃~23℃温度浸种8~12小时。

### 培育

选择大可乐罐、大塑料盒、平盘、育苗盘或其他底部可排水的容器，在底部钻几个小孔，以保证豆子有足够的湿度而不泡在水中，并在下面架上保湿盘。在容器底部铺一层完全浸湿的纱布、棉布或者珍珠岩等培育基质，将洗净并已泡到膨胀开裂的豆子均匀铺在基质上，不能过多否则容易坏。再在豆子上覆盖一层纱布或棉布保湿。每天浇水1~2次，水量以喷淋后苗盘内基质湿润但不大量滴水为度。不要让豆子见阳光，否则会马上变绿。可以一次准备几个容器，叠起来进行发芽。

### 采收

采收最适合在豆芽菜生长发育至胚茎充分伸长而真叶将露或始露时为最佳，此时胚茎长5~6厘米，根长0.5~1.5厘米，豆瓣呈蛋黄色，胚茎显得乳白晶亮，始露的真叶呈乳黄色，不生侧根。

膳食纤维含量丰富

# 豌豆芽

**科属:**豆科豌豆属

**别名:**龙须菜、龙须豆苗、蝴蝶菜

**适合种植季节:**全年

**可食用部位:**幼嫩茎叶和嫩梢

**生长期:**播种后 6~15 天

**采收期:**胚轴长 12~15 厘米

**常见病虫害:**发霉、烂根

**易种指数:**★ ★ ★ ★ ★

**营养功效**

豌豆芽有利尿、止泻、消肿、止痛和助消化等作用。而且还能治疗晒黑的肌肤,使肌肤清爽而不油腻。其还有抗癌防癌、抗菌消炎、增强新陈代谢的功能。此外,豌豆芽中含有较为丰富的膳食纤维,可以防止便秘,有清肠作用。

**食用宜忌**

一般人群皆可食用,但不易多食,否则易产生腹胀。

**推荐美食**

清炒豌豆芽、鸡丝豌豆芽、蒜香豆芽

## 种子处理

选种:用于生产豌豆芽的豌豆品种应选发芽率在95%以上的新种子。浸种前要对种子清洗,剔去虫蛀、破残、霉烂、畸形的种子。

浸种及播种:将选好的种子用20℃~30℃的清水淘洗2次,再用55℃左右的温水浸种,浸种时间5~6小时,

要选择新种子,隔年的不利于发芽

培育第2天，大部分豆子已经露芽了

第5天，有芽变绿了，看到了吗，有的已经有根了。记住：不出芽的豆子要挑出来

第7天，小芽们争先恐后地钻出来了

第9天，芽已经8～9厘米了，实在经不住诱惑的，可挑一些长的芽来食用

第15天，芽体长至12～15厘米，可以采收食用了

浸种容器以塑料桶或瓷缸为好,不要用铁质容器。浸好的种子涝出,沥出多余的水分即可播种。将育苗盘洗净,在盘底铺2层用水浸湿的纸或者纱布。将浸好的种子均匀撒在容器上,不要排列过密。

## 🌱 培育

将播完种子的苗盘摞到一起,而且下垫一个铺好湿纸的空盘(保湿盘),上面同样盖着一个保湿盘,然后一起放在栽培架上。每天进行2次倒盘和浇水,调换苗盘上下的位置,并用喷雾器喷水,以喷水后纸床上持有少量的存水为宜。温度尽量保持在18℃~25℃,夜间温度不能低于8℃。同时检查出芽情况,不出芽的及时拣出来,以免腐烂。播种后2~3天,当芽长到1.5~2厘米时即可将苗盘分别放置到栽培架上进行正常生长,生长期也要适时调换苗盘位置,并注意空气湿度和温度。

## 🧺 采收

房内光线较暗,所以可保证豌豆芽品质鲜嫩,再经10天左右即可长成12~15厘米高的豌豆芽。豌豆芽茎近四方形、中空、叶绿色,叶面稍有蜡粉,此时即可采收。

## 每 100 克豌豆的营养成分

| 主要营养素 | | 主要维生素 | | 矿物质 | |
| --- | --- | --- | --- | --- | --- |
| 蛋白质 | 20.3 克 | 维生素 A | 42 微克 | 钾 | 823 毫克 |
| 脂肪 | 1.1 克 | 维生素 B₁ | 0.49 毫克 | 钠 | 9.7 毫克 |
| 膳食纤维 | 10.4 克 | 维生素 B₂ | 0.14 毫克 | 钙 | 97 毫克 |
| 碳水化合物 | 65.8 克 | 维生素 C | 43 毫克 | 镁 | 118 毫克 |
| 热量 | 315 千卡 | 维生素 E | 8.47 毫克 | 磷 | 259 毫克 |
| | | 胡萝卜素 | 250 毫克 | 铁 | 4.9 毫克 |
| | | 叶酸 | 53 微克 | 铜 | 0.47 毫克 |
| | | 泛酸 | 0.7 毫克 | 锌 | 2.35 毫克 |
| | | 烟酸 | 2.3 毫克 | 硒 | 1.69 微克 |

滋养健血、补虚乌发

# 黑豆芽

**科属:**豆科大豆属

**别名:**小豆芽

**适合种植季节:**全年

**可食用部位:**下胚轴

**生长期:**播种后 6~15 天

**采收期:**胚轴长 12~15 厘米

**常见病虫害:**发霉、烂根

**易种指数:**★ ★ ★

**营养功效**

黑豆能软化血管、滋润皮肤、延缓衰老,特别是对高血压、心脏病等患者有益。黑豆中的粗纤维含量高达4%,故黑豆有促进消化、防止便秘的作用。另外,黑豆有活血、利水、祛风、清热解毒、滋养健血、补虚乌发等功能,这些功效同样也体现在黑豆芽上。

**食用宜忌**

一般人群皆可食用,但小儿不宜多食。另外,黑豆宜与红糖、牛奶等同食。

**推荐美食**

黑豆芽炒鸡蛋、凉拌黑豆芽、清炒黑豆芽、涮黑豆芽

　　黑豆芽是一种口感鲜嫩、营养丰富的芽菜。记住黑豆芽一般在2片真叶尚未展开时食用,因其此时味道清香脆嫩,风味独特,口感极佳。

选择种子一定要注意,不光看皮,还要看皮里面的仁,黑豆仁一般为绿色或青色,白色的应该是黑芸豆,这种豆子比较便宜,经常被冒充为黑豆

豆子被泡得胀起来，原来的球体已经变长了，第2天，有的豆子已经露芽了

用湿布盖着，保湿，利于芽体出来

10天了，有的芽体已经长到10厘米左右，可以食用了

第7天，芽体冲出豆体，黑豆皮已经脱落了

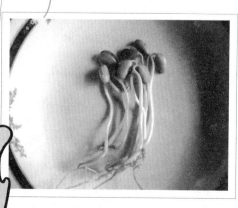

## 种子处理

**选种：**所用黑豆必须为新种，其发芽率可高于90%。

**浸种：**浸种前应充分晾晒种子，先用洁净清水淘洗2遍，然后用20℃~30℃的温水浸泡6~12小时。气温低时，浸种时间应适当延长，气温高时则短些。浸种水量应为种子体积的2~3倍（吸水量为种子总量的1倍）。

## 催芽

浸种结束后轻轻搓洗种皮表面的黏液，然后捞出沥干水分，均匀撒播到提前铺好湿润吸水纸或纱布的容器内，再铺上一层纱布或者盖上盖子，置于栽培架或地面上催芽。催芽过程中温度须保持在25℃~30℃，每天要喷水保湿，喷水量不宜过大，以容器内无积水为宜，一般每天喷水2~3次，要保证通风透气，以确保出芽均匀健壮。

## 培育

当黑豆芽长到2~3厘米高时，为避免因高温、高湿且通风透气不良而发生烂种、烂芽，要注意以下几点。

**光照和湿度：**黑豆芽对光照要求不是很严格，为使黑豆芽由黑暗、高温、高湿的催芽条件平稳过渡到栽培环境，此时应把容器放置在空气温湿度相对稳定和弱光的条件下适应性炼苗1天，让芽苗在散射光下生长，切勿让阳光直射，以免芽苗过早形成纤维而使品质下降。

**水分：**由于芽苗本身鲜嫩多汁，故必须保证有充足的水分，浇水时要小水勤浇，每天喷水2~3次，喷水量不宜过大，以容器内湿润而不积水为宜。阴雨雪天气温低时要少喷水，而晴天高温干旱时要多喷，以满足芽苗对水分的需求。

**病害防治：**黑豆芽很少发生病害，但催芽期易发生种子霉烂，生长期易发生烂根倒苗。为防治病害，芽苗生长过程中应严格清洗苗盒等器具，可用0.1%的高锰酸钾溶液对苗盒及棚室喷雾消毒灭菌，一旦发生烂苗应及早剔除。

**采收**

播种后6~15天,待黑豆芽子叶充分展开,胚轴长12~15厘米时即可采收。

## 每100克黑豆的营养成分

### 主要营养素

| | |
|---|---|
| 蛋白质 | 36.1 克 |
| 脂肪 | 15.9 克 |
| 膳食纤维 | 10.2 克 |
| 碳水化合物 | 33.6 克 |
| 热量 | 381 千卡 |

### 主要维生素

| | |
|---|---|
| 维生素 A | 63 微克 |
| 维生素 B$_1$ | 0.21 毫克 |
| 维生素 B$_2$ | 0.06 毫克 |
| 维生素 E | 1.7 毫克 |
| 胡萝卜素 | 340 毫克 |
| 叶酸 | 12 微克 |
| 泛酸 | 1.9 毫克 |
| 烟酸 | 1.6 毫克 |

### 矿物质

| | |
|---|---|
| 钾 | 1377 毫克 |
| 钠 | 3 毫克 |
| 钙 | 224 毫克 |
| 镁 | 243 毫克 |
| 磷 | 500 毫克 |
| 铁 | 7 毫克 |
| 铜 | 1.56 毫克 |
| 锌 | 4.18 毫克 |
| 硒 | 6.79 微克 |

**小问题**

Q:在生豆芽的过程中,豆子臭、长毛是怎么回事?

A:一定要选好豆,里面有坏豆子就容易出现这种情况。每天要用清水淘 1~2 次,但是不能动豆子,就是用水过一遍即可。因为一动豆子,就打破了根的向地生长,长出来的芽就不直了。

# 蚕豆芽

**科属：**豆科蚕豆属

**适合种植季节：**全年

**可食用部位：**下胚轴

**生长期：**播种后 3~14 天

**采收期：**胚轴长 5~11 厘米

**常见病虫害：**发霉、烂根

**易种指数：**★ ★ ★ ★

**营养功效**

蚕豆有增强记忆力的健脑作用。蚕豆中的钙有利于骨骼对钙的吸收与钙化，能促进人体骨骼的生长发育。蚕豆中的蛋白质含量丰富且不含胆固醇，可预防心血管疾病；维生素C可延缓动脉硬化；皮中的膳食纤维有降低胆固醇、促进肠蠕动的作用。

**食用宜忌**

一般人群皆可食用，但是中焦虚寒、发生过蚕豆过敏、有遗传性红细胞缺陷症、痔疮出血、消化不良、慢性结肠炎、尿毒症等患者和患有蚕豆病的儿童绝不可进食。宜与枸杞子、白菜等同食，不宜与田螺同食。

**推荐美食**

蒜炒蚕豆芽

　　蚕豆中含有大量蛋白质，在日常食用的豆类中仅次于大豆，还含有大量钙、钾、镁、维生素C等，并且氨基酸种类较为齐全，特别是赖氨酸含量丰富。蚕豆芽味道好且营养丰富，近年来备受追捧。

浸泡在水里的蚕豆种子

第3天,有的芽已经出来了

第7天,大部分芽体已经钻出来,
此时可把不出芽的种子扔掉,以
防止腐烂

第10天,已经长到十几
厘米了,可以采下来食
用了

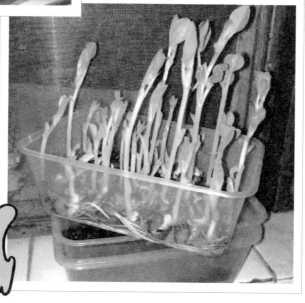

### 种子处理

**选种**：选用当年或隔年收获但尚有发芽能力的蚕豆，但须拣出虫蛀和霉烂及受损伤的蚕豆。

**浸种**：将选过的蚕豆，用冷水洗净，放在盆里或者钵里，加入冷水浸泡，水面超过蚕豆寸许，浸泡12~24小时（夏季时间短些，冬季长些）。将蚕豆冲洗干净并换水，浸泡48小时后，滤去水，洗干净，放入铺好纱布的容器中，并在上面再铺一层纱布或者盖上盖子。

### 采收

保持蚕豆湿润，一般在27℃~28℃下，经过3~14天，豆芽平均长度为5~11厘米，发芽率达90%~98%即可收获食用。小芽时即可食用，也可等其长成大苗。强光下可长成绿色的大叶苗，弱光下为嫩绿苗，无光下为嫩黄色的龙须苗，均可食用。

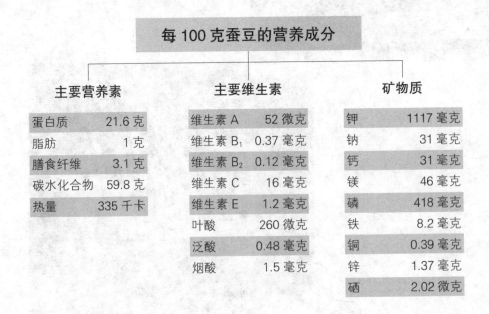

## 每 100 克蚕豆的营养成分

| 主要营养素 | | 主要维生素 | | 矿物质 | |
| --- | --- | --- | --- | --- | --- |
| 蛋白质 | 21.6 克 | 维生素 A | 52 微克 | 钾 | 1117 毫克 |
| 脂肪 | 1 克 | 维生素 B₁ | 0.37 毫克 | 钠 | 31 毫克 |
| 膳食纤维 | 3.1 克 | 维生素 B₂ | 0.12 毫克 | 钙 | 31 毫克 |
| 碳水化合物 | 59.8 克 | 维生素 C | 16 毫克 | 镁 | 46 毫克 |
| 热量 | 335 千卡 | 维生素 E | 1.2 毫克 | 磷 | 418 毫克 |
| | | 叶酸 | 260 微克 | 铁 | 8.2 毫克 |
| | | 泛酸 | 0.48 毫克 | 铜 | 0.39 毫克 |
| | | 烟酸 | 1.5 毫克 | 锌 | 1.37 毫克 |
| | | | | 硒 | 2.02 微克 |

# 黄豆芽

促进青少年生长发育

**科属**：豆科大豆属
**别名**：大豆芽、清水豆芽
**适合种植季节**：全年
**可食用部位**：下胚轴
**生长期**：播种后 5~7 天
**采收期**：胚轴长 10 厘米
**常见病虫害**：发霉、烂根
**易种指数**：★ ★ ★ ★ ★

　　黄豆芽是一种营养丰富、味道鲜美的蔬菜，含有较多的蛋白质和维生素。据悉，黄豆在发芽 4~12 天时维生素 C 含量最高，如同时每天日光照射 2 小时，则含量还可以增加 1 倍。但不宜日照过久，以免豆芽变老而降低口味。

## 营养功效

黄豆芽有清热明目、补气养血、防止牙龈出血及降低胆固醇等功效。春天吃黄豆芽可有效地防治维生素 $B_2$ 缺乏。常吃黄豆芽能营养毛发，使头发乌黑光亮。还有促进青少年生长发育、预防贫血、健脑、抗疲劳、抗癌等作用。

## 食用宜忌

一般人群皆可食用，虚寒尿多者慎食。宜与鲫鱼同食，不宜与猪肝同食。烹饪时不要加碱，要加少量醋，可防止 B 族维生素减少。

## 推荐美食

黄豆芽炖豆腐、清炒黄豆芽、黄豆芽排骨汤

## 培育技巧

　　在底部有孔的容器底铺上纱布或珍珠岩，在纱布上放置浸好种的黄豆，再在黄豆上铺上厚纱布，目的是遮光、保湿。当豆芽长到 1.5 厘米长时浇水要透，不留死角，以防红根、烂根。掌握好水温，定时浇水，用水不忽冷忽热，以防芽根成红棕色。浇水水温不宜太高，水头不宜太短，否则会使豆芽只长根不长梗。芽长 5 厘米时应提高水温，增加热量，防芽根发黑。当豆芽将好时，应降低最后 3 次浇水的水温，发芽完毕及时取出，以防豆芽出现中间烂的现象。

　　夏季需 4~5 天，秋冬季 6~7 天即可采收。

增强机体免疫力

# 萝卜芽

**科属**：十字花科萝卜属

**别名**：娃娃萝卜、娃娃缨萝卜、贝壳菜

**适合种植季节**：全年

**可食用部位**：下胚轴

**生长期**：播种后 7~10 天

**采收期**：胚轴长 13~15 厘米

**常见病虫害**：发霉、烂根

**易种指数**：★ ★ ★

**营养功效**

萝卜可增强机体免疫力，并能抑制癌细胞的生长，对防癌、抗癌有重要意义。萝卜中的芥子油和膳食纤维可促进胃肠蠕动，有助于体内废物的排出。常吃萝卜可降低血脂、软化血管、稳定血压，预防冠心病、动脉硬化、胆石症等疾病。

**食用宜忌**

一般人群均可食用。弱体质者、脾胃虚寒、胃及十二指肠溃疡、慢性胃炎、单纯甲状腺肿、先兆流产、子宫脱垂者不宜多食，而且不宜与橘子、葡萄、苹果等水果同食，宜与豆腐等同食。

**推荐美食**

萝卜苗沙拉、清炒萝卜苗

萝卜子又称莱菔子，本身就具有消食、降气化痰的作用。选种时要选择粒大、饱满、色红棕、无杂质者

浸泡12小时后的萝卜种子

浸泡后用纸覆盖

第6天的萝卜芽,侧面照

第8天萝卜芽长势旺盛

第6天萝卜芽正面照,芽已经把种皮顶出来了

第8天,长度12厘米,也可以采收食用了,如果觉得芽体不够长,还可以再等2~3天

### 种子处理

**选种：**将种子筛除灰尘和杂质，在水中漂洗，进一步除去杂质和不良种子。

**浸种：**将筛选的种子在室温下浸泡8~10小时，间隔4~5小时用流水冲浇种子至水澄清。

**播种：**把经过浸种的种子均匀地播在培养盘中。播种量不可过多，否则会引起根系发黄，降低品质，播种量少会降低产量，因此必须掌握好播种量。播种后在种子上覆盖一层纱布或者纸以用来保湿和遮光。

### 培育

将播好种子的育苗盘黑暗中培养96小时，每隔6~8小时浇一次水，每天浇水3~4次，采用细眼喷壶以上方喷水。

### 采收

萝卜芽长到高10~12厘米、子叶微开时移到光照下培养。一般光照强度为3000~4000勒克斯，培养72小时，同时每天浇水5~6次。经过72小时的绿化栽培的萝卜苗，高达13~15厘米，叶色翠绿，茎和根白色，即可采收。

## 每 100 克萝卜子的营养成分

| 主要营养素 | | 主要维生素 | | 矿物质 | |
| --- | --- | --- | --- | --- | --- |
| 蛋白质 | 18.8 克 | 维生素 B$_1$ | 0.36 毫克 | 钾 | 8 毫克 |
| 脂肪 | 30 克 | 维生素 B$_2$ | 0.31 毫克 | 钠 | 4.3 毫克 |
| 膳食纤维 | 35.6 克 | 维生素 E | 13.16 毫克 | 钙 | 46 毫克 |
| 碳水化合物 | 37.2 克 | | | 磷 | 8 毫克 |
| 热量 | 352 千卡 | | | 铁 | 6.3 毫克 |
| | | | | 铜 | 0.97 毫克 |
| | | | | 锌 | 2.33 毫克 |
| | | | | 硒 | 5.1 微克 |

# 香椿芽

**科属:**棟科香椿属

**别名:**香椿头、香椿、香椿尖

**适合种植季节:**全年

**可食用部位:**下胚轴

**生长期:**12~15 天

**采收期:**胚轴长 10 厘米

**常见病虫害:**发霉、烂根

**易种指数:**★★

香椿是我国特有的珍贵树种，已有 2000 多年的栽培历史。香椿速生，材质优良，嫩芽嫩叶均可食用，是名副其实的森林蔬菜。

**营养功效**

香椿芽能抑制细菌、消炎退肿,对咽喉炎、肠炎、痔疮等症具有治疗和辅助治疗的作用。香椿含香椿素等挥发性芳香族有机物,可健脾开胃,增加食欲;含有维生素E和性激素物质,能抗衰老和补阳滋阴,对不孕不育症有一定疗效,故有"助孕素"的美称。

**食用宜忌**

一般人群皆可食用,但是慢性疾病患者应少食或不食,避免生食。香椿芽食用前必须烫一下,以免亚硝酸盐中毒或者过敏。宜与鸡蛋同食,不宜与牛奶同食。

**推荐美食**

香椿炒鸡蛋、香椿拌豆腐、香椿煎饼

## 种子处理

**选种:**要选用当年的新种子,要求籽粒饱满,颜色新鲜,红黄色种皮,淡黄色种仁。香椿种子的生命力在 7~8 个月,保存的种子必须放在阴凉通风处,并且要带着种子的翅翼保管。香椿芽苗菜的最佳品种是陕西、河南的红香椿。生芽前必须淘汰旧种子、受热走油的种子、霉烂变质的种子和破残瘪蛀的种子。如果发现种子呈黑红色,有油感及光泽,无椿籽味而有霉味、怪味等,都不能使用。如果种子特别干燥,用手抓如同抓粮食一样,这样的种子也不能使用。选种是关键,必须把好关。选好种后,要通过水选去瘪去杂,提高种子纯度。

**烫种:**将选好的香椿种子去掉翅翼,用 45℃水搅拌 15 分钟,也可用 5 倍于

## 每100克香椿芽的营养成分

| | |
|---|---|
| 蛋白质 | 1.7 克 |
| 脂肪 | 0.4 克 |
| 膳食纤维 | 1.8 克 |
| 碳水化合物 | 10.9 克 |
| 热量 | 47 千卡 |
| | |
| 维生素 A | 117 微克 |
| 维生素 $B_1$ | 0.07 毫克 |
| 维生素 $B_2$ | 0.12 毫克 |
| 维生素 C | 40 毫克 |
| 维生素 E | 0.99 毫克 |
| 胡萝卜素 | 0.7 毫克 |
| 烟酸 | 0.9 毫克 |
| | |
| 钾 | 172 毫克 |
| 钠 | 4.6 毫克 |
| 钙 | 96 毫克 |
| 磷 | 147 毫克 |
| 镁 | 36 毫克 |
| 铁 | 3.9 毫克 |
| 铜 | 0.09 毫克 |
| 锌 | 2.25 毫克 |
| 硒 | 0.42 微克 |

种子的 45℃ 热水搅拌烫种,逐渐降温至 25℃,随后用 25℃ 温水淘洗种子,直至种子无黏滑感,然后再用温清水洗干净为止。

浸种:将烫洗淘洗干净的种子放在 25℃~28℃ 温水中浸泡 10~12 小时,每 4 小时用 25℃ 温水淘洗一次,一直浸泡到种皮吸水充分膨胀,用手一捻种皮即破,露出 2 片白色种瓣为止,随后用 25℃ 温水淘洗种子至种皮干净。

### 催芽

将浸泡好的香椿种子淘洗干净后,放在干净的木盆或陶盆内(禁止使用铁器),占容积的 1/3 为宜。种子平铺放置厚度为 10~15 厘米,而且要下铺上盖消毒干净、有遮光保湿功能的棉布或纱布,也可覆盖塑料膜。然后放在温度为 20℃、湿度为 80% 的环境中,在遮光条件下催芽。每 4 小时用 20℃ 清水淘洗一次,并且将种子的上、中、下层充分混合,同时要仔细淘汰霉烂变质的种子,保证催芽盆底不留积水。这样处理 3~5 天,种子就可露白,这时就可进行香椿芽的生产操作。

### 培育

将露白的香椿芽种子用 20℃ 温水淘洗干净,再放进消毒好的容器里,可以是能漏水的塑料盘,在盘底铺一层珍珠岩,以保湿透气,再把种子平铺在上面。然后将容器放在 20℃~22℃、湿度 80% 的遮光条件下培养,每 6 小时喷淋 20℃ 清水一次,并将漂浮在上面的种壳清除掉。2~3 天后,芽体可长到 0.5 厘米左右。以后再喷淋要缓慢和仔细,不可动发芽的种子。

### 采收

播后 12~15 天左右,当种芽下胚轴长达 10 厘米、尚未木质化、子叶已完全展平时采收最佳。

# 花生芽

**科属:** 蝶形花科落花生属

**别名:** 长生菜、万寿果芽

**适合种植季节:** 全年

**可食用部位:** 下胚轴

**生长期:** 播种后 7~10 天

**采收期:** 胚轴长 12~15 厘米

**常见病虫害:** 发霉、烂根

**易种指数:** ★ ★

### 营养功效

花生芽含有多种维生素和微量元素,以及人体易于吸收的植物蛋白质、脂肪等,有提高智力、防衰老、维护机体正常等多种功效。研究发现,花生芽的白藜芦醇含量比花生要高100倍,具有抑制癌细胞、降血脂、防治心血管疾病、延缓衰老等作用。花生芽还可以使花生中的蛋白质水解为氨基酸,易于人体吸收;油脂被转化为热量,脂肪含量大大降低,适合减肥人士食用。同时还提高了各种人体必需微量元素的利用率。

### 食用宜忌

一般人群皆可食用,尤其适宜营养不良、食欲不振、哺乳期少乳、高血压病、冠心病等人食用。但是不适合胆病、血黏度高的患者食用。

### 推荐美食

爆炒花生芽、清炒花生芽、肉丝炒花生芽

花生芽和黄豆芽、绿豆芽差不多,只不过是由生花生仁发芽生长出来的嫩苗。它不仅鲜嫩爽脆、香甜可口,而且营养价值极高。它将花生中的一些蛋白质、脂肪等成分分解,易于人体吸收。口味与花生也不同。

选小粒品种,记得大小要一致

## 每100克花生的营养成分

| 成分 | 含量 |
| --- | --- |
| 蛋白质 | 12 克 |
| 脂肪 | 25.4 克 |
| 膳食纤维 | 7.7 克 |
| 碳水化合物 | 13 克 |
| 热量 | 298 千卡 |
| 维生素 A | 2 微克 |
| 维生素 B₂ | 0.04 毫克 |
| 维生素 C | 14 毫克 |
| 维生素 E | 2.93 毫克 |
| 胡萝卜素 | 10 微克 |
| 烟酸 | 14.1 毫克 |
| 钾 | 390 毫克 |
| 钠 | 3.7 毫克 |
| 钙 | 8 毫克 |
| 镁 | 110 毫克 |
| 磷 | 250 毫克 |
| 铁 | 3.4 毫克 |
| 铜 | 0.68 毫克 |
| 锌 | 1.79 毫克 |
| 硒 | 4.5 微克 |

### 种子处理

**选种:** 选择小粒花生品种,要用颗粒饱满、大小一致、无损伤、无霉烂、无虫眼、发芽势强、发芽率高的当年产的新花生种子。

**播种:** 在箱底放一层报纸,铺上2厘米厚的洁净沙子,将浸泡好的种子(一般浸泡1~2小时即可)均匀地撒在箱内的沙面上,最后在箱上覆盖一层黑色塑料薄膜,达到保温、保湿、遮光效果。

### 日常管理

播种2~3天后,当种芽长出1厘米时,要及时将不出芽的种仁全部剔除。花生芽生长的适宜温度为18℃~25℃,夏季要多喷水降温,冬季要加强保温,可采取淋温水的方法进行保温、升温。生长期内每日淋水3~4次,以洁净的井水为最佳。每次淋水量以芽苗全部淋湿、基质(沙子)湿透即可。栽培期间室内应保持黑暗,不可见光,否则会使花生芽菜变绿,影响外观和口感。

### 采收

在正常栽培环境中,从播种到采收,夏秋季需7~8天,冬春季需8~10天。要做到适时采收,采收过早产量少,采收过晚品质差。采收标准为芽菜长12~15厘米、顶部芽瓣展开、无子叶现露、无烂茎、无异味、无须根。

四季均可种植的绿叶菜

# 油菜

**科属:**十字花科芸薹属

**别名:**油白菜、苦菜、上海青、胡菜

**适合种植季节:**春、夏、秋季

**可食用部位:**全株

**生长期:**45~60天

**采收期:**播种后60天

**常见病虫害:**猝倒病、菌核病、霜霉病、蚜虫

**易种指数:**★★★★★

## 营养功效

油菜中的钙、铁和维生素C是人体黏膜及上皮组织维持生长的重要营养源,可抵御皮肤过度角化。油菜还有促进血液循环、散血消肿、降低血脂、宽肠通便的作用。妇女产后瘀血腹痛、肿痛脓疮可通过食用油菜来辅助治疗。

## 食用宜忌

一般人群均可食用,特别适合患口腔溃疡、齿龈出血、牙齿松动、瘀血腹痛的人,而孕妇、目疾患者、小儿麻疹后期、狐臭等慢性病患者要少食。过夜的油菜不宜食用。油菜宜与香菇、豆腐、鸡肉等同食,不宜与黄瓜、南瓜同食。

## 推荐美食

香菇油菜、油菜炒虾仁、油菜炖豆腐

油菜种子细小,选种时应注意有没有瘪子

油菜原产于我国,颜色深绿,帮如白菜,属十字花科白菜变种。油菜按其叶柄颜色不同有白梗菜和青梗菜两种。白梗菜,叶绿色,叶柄白色,直立,质地脆嫩,苦味小而略带甜味。青梗菜,叶绿色,叶柄淡绿色,扁平微凹,肥壮直立,植株矮小,叶片肥厚,质地脆嫩,略有苦味。

## 种子处理

播种前把种子放在光照充足的地方晾晒3~4个小时,然后把种子放在50℃温水中浸种20~30分钟,再在20℃~30℃水中浸种2~3小时,晾干后可直接播种;或置于15℃~20℃条件下进行催芽,24小时出齐芽后进行播种。

## 种植前准备

油菜若盆栽宜选用比较深的容器,因为油菜根深、生长期长,要求生长在土层深厚、肥沃、水分适宜的土壤中。土壤pH值5~8,以弱酸或中性土壤为最适宜。再者油菜种子较小,千粒重2.5~4克,要求整地精细,施足底肥。盆土可选用市面上配比好的基质,也可用80%草炭和20%疏松园土自行调配,或用经过阳光消毒的老土也可。在配好的基质中加复合肥5千克,混合均匀,还可用喷壶喷洒适量的多菌灵进行消毒。此外,为增加盆土的美观,可用珍珠岩、陶瓷土等覆盖。播种前可用喷壶将盆土淋湿待用,以提高种子的发芽率。

## 播种

油菜的种子非常细小,因此整个播种过程都必须小心谨慎。油菜通常撒播,但要均匀,播种时可均匀地拌和1~3倍细土,播种后轻轻地压一遍,使种子与盆土紧密接触,以利种子吸水,提早出苗。若庭院种植,宜选择春秋两季。一般春季3月中下旬播种,秋季为播种前,视土壤墒情浇水造墒,待水渗后播种。播种时,1米宽的畦开2~3条沟,沟深1.5~2厘米,将种子均匀播在沟内。直播的土壤要湿度适宜,太干易出苗,太湿易烂种。为保温保湿防雨,播后可在畦面上铺塑料薄膜或撒上一薄层碎麦秸,出苗前揭去即可。

## 日常管理

**间苗：**当2片真叶展开时（二叶一心）第1次间苗，苗距3~4厘米；四叶一心时进行第2次间苗（定苗），苗距8~10厘米。

**浇水：**油菜高产必须要有强大的根系和旺盛的活力。适于油菜生长的土壤中土体、水分和空气三者比为2：1：1，即土体占50%，孔隙中水分和空气各占25%。土壤含水量高，空气不足，不利于根系生长，因此壮苗要先壮根，促根要先控水。苗期需水较少，一般情况下不旱不浇水，定完苗后，在生长期间浇水3~4次，浇水要选晴天上午进行。

**追肥：**收获前15天左右追一次肥，追施的肥料可选用尿素，或从市场上直接购买的精制冲施肥均可；若为降低成本，也可选用浸泡过的稀麻酱水。

**除草：**油菜苗期植株较小，易与杂草混生，在管理中应经常翻耙拔草，做到拔早、拔小、拔了，勿待草大压苗，或拔大草伤苗。

## 采收

油菜一般播种50~60天后即可整株收获，家庭种植可根据自己喜好，随采随收，或采食嫩苗均可。

**每100克油菜的营养成分**

| | |
|---|---|
| 蛋白质 | 1.8 克 |
| 脂肪 | 0.5 克 |
| 膳食纤维 | 1.1 克 |
| 碳水化合物 | 3.8 克 |
| 热量 | 23 千卡 |

| | |
|---|---|
| 维生素 A | 103 微克 |
| 维生素 $B_1$ | 0.04 毫克 |
| 维生素 $B_2$ | 0.11 毫克 |
| 维生素 C | 36 毫克 |
| 维生素 E | 0.88 毫克 |

| | |
|---|---|
| 钾 | 210 毫克 |
| 钠 | 55.8 毫克 |
| 钙 | 108 毫克 |
| 镁 | 22 毫克 |
| 磷 | 39 毫克 |
| 铁 | 1.2 毫克 |
| 铜 | 0.06 毫克 |
| 锌 | 0.33 毫克 |
| 硒 | 0.79 微克 |

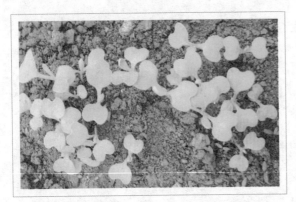

长出子叶的油菜苗,这时还小,不需要间苗

间完苗的油菜,可有充分空间生长发育,
间完的小苗不要扔掉,其也可以食用

油菜发棵期

油菜此时可整株采收食用

刚采收的紫油菜

油菜开花,油菜花虽好看,但是以食用叶片为主
不要等到开花结籽,这时油菜已经老了

# 菠菜

**科属:**藜科菠菜属

**别名:**波斯草、菠薐

**适合种植季节:**全年

**可食用部位:**全株

**生长期:**60 天

**采收期:**播种后 30~60 天

**常见病虫害:**霜霉病、病毒
病、蚜虫、斑潜蝇

**易种指数:**★ ★ ★ ★

### 营养功效

菠菜富含胡萝卜素,可保持视力,是预防干眼症、夜盲症的良药。菠菜中含有丰富的钙质及丰富的维生素等营养成分,使其能够防治口角炎;而维生素E和硒元素,具有抗衰老、促进细胞增殖的作用。

### 食用宜忌

一般人群均可食用,但不适于肾炎、肾结石患者食用。因其草酸较多,一次不宜吃太多。菠菜宜与海带、鸡蛋、粉丝等同食,不宜与韭菜、黄瓜等同食。另外,菠菜含草酸较多,有碍机体对钙的吸收,故吃菠菜时宜先用沸水烫后再炒,特别是菠菜炖豆腐。

### 推荐美食

姜汁菠菜、海米菠菜、鸡蛋菠菜饼、上汤菠菜

菠菜子种皮坚硬,因此播种前
需要将种子进行浸泡处理

说到菠菜,它的名字还有一段历史。菠菜原是2000多年前波斯人栽培的蔬菜,所以它有个别名叫"波斯草"。波斯草于唐代由尼泊尔人传入中国。当时中国称菠菜产地为西域菠薐国,这就是它被叫做"菠薐菜"又简化成今日的"菠菜"的原因。

## 种子处理

一般采用撒播。菠菜种子种皮坚硬,夏秋播种于播前一周将种子用水浸泡12小时后,放在4℃左右冰箱或冷藏柜中处理24小时,再在20℃~25℃的条件下催芽,经3~5天出芽后播种。冬春可播干籽或湿籽。

## 播种

菠菜按照播种时间分秋菠菜(8~9月播种)、越冬菠菜(10中旬~11月上旬播种)、春菠菜(3月播种)和夏菠菜(5~7月播种)。播种可采用撒播或条播,阳台、露台种植在事先准备好的大花盆或箱子中进行,确保育苗盆底孔洞的通透性,以免沤种。基质可选用市场上的专用育苗基质,也可选用阳光暴晒后的老壤土,整平、浇水后待用。播后覆0.5~1厘米厚的细土。播种后可于盆上覆盖一层塑料薄膜,以保持土壤湿度和温度。庭院种植可在畦面浇足底水后播种。夏秋播后要用稻草覆盖或利用小拱棚覆盖遮阳网,防止高温和暴雨冲刷。冬播气温低则可在畦上覆盖塑料薄膜保温促出苗,出苗后撒除。

## 对环境条件的要求

**温度与日照**:菠菜是绿叶蔬菜中耐寒力最强的一种,种子发芽的最低温度为4℃,最适温度为15℃~20℃,35℃时发芽率不到20%。植株在日平均温度20℃~25℃时生长最快,高于25℃时生长迟缓。成株能在冬季最低气温-10℃的地区安全越冬,耐寒力强的品种在具有4~6片真叶的植株时可耐短期-30℃的低温。菠菜是典型的长日照作物,低温长日照有利于花芽分化,花芽分化后花器的发育、抽薹、开花随温度的升高和日照的加长而加速。

**水分：**菠菜在空气相对湿度为80%~90%、土壤相对湿度为70%~80%的条件下生长旺盛。干旱会限制营养器官的生长，叶组织老化，品质差，特别在高温长日照季节，缺水会加速抽薹。

**土壤及营养：**菠菜是耐酸性较弱的蔬菜，适宜的土壤pH值为5.5~7.0，低于5.5生长缓慢，严重时叶片变黄、硬化。以肥沃的壤土或黏土最适于菠菜生长。菠菜需要氮、磷、钾完全肥料，氮肥充足时叶片生长旺盛，产量高，品质好。每生产50千克菠菜需吸收氮20克、磷10克、钾15~25克。

### 日常管理

**春季栽培：**由于苗期气温低，空气干燥，要勤划锄，以利于保墒和提高地温。在菠菜旺盛生长期，结合浇水施入速效性氮肥，以加速生长。

**秋季栽培：**若遇高温干旱，要利用浇水来降低温度，浇水宜在清晨和傍晚进行，水量要少，水流要缓，以免幼苗粘泥缺氧。生长过程中结合浇水施入速效氮肥。

**越冬栽培：**越冬菠菜管理的关键措施是防寒保墒，适时浇防冻水。春季气温回升后，菠菜开始恢复生长，应选择晴天及时浇返青水，浇水量宁小勿大，切忌漫灌，以免降低地温。2~3片真叶后，追施2次速效氮肥。每次施肥后要浇清水，以促生长。及时中耕松土，提高地温，促进生长。

### 每 100 克菠菜的营养成分

| | |
|---|---|
| 蛋白质 | 2.6 克 |
| 脂肪 | 0.3 克 |
| 膳食纤维 | 1.7 克 |
| 碳水化合物 | 4.5 克 |
| 热量 | 24 千卡 |

| | |
|---|---|
| 维生素 A | 487 微克 |
| 维生素 B$_1$ | 0.04 毫克 |
| 维生素 B$_2$ | 0.13 毫克 |
| 维生素 C | 39 毫克 |
| 维生素 E | 1.74 毫克 |
| 胡萝卜素 | 3.87 毫克 |
| 烟酸 | 0.6 毫克 |
| 叶酸 | 110 微克 |
| 泛酸 | 0.2 毫克 |

| | |
|---|---|
| 钾 | 311 毫克 |
| 钠 | 85.2 毫克 |
| 钙 | 66 毫克 |
| 镁 | 58 毫克 |
| 磷 | 47 毫克 |
| 铁 | 2.9 毫克 |
| 铜 | 0.1 毫克 |
| 锌 | 0.85 毫克 |
| 硒 | 0.97 微克 |

### 采收

可随时采收。采收时先选粗壮的分批采收,这样剩下的菠菜就能得到充分的空间进行生长,直至采收完毕。

菠菜苗,与长大的叶子不同

在菠菜的生长期间要间苗,以防苗多抢养分

此时可采收

采收下来的菠菜

# 小白菜

**科属**:十字花科芸薹属

**别名**:不结球白菜、青菜、鸡毛菜

**适合种植季节**:春、夏、秋季

**可食用部位**:全株

**生长期**:50~60 天

**采收期**:播种后 30~40 天

**常见病虫害**:霜霉病、病毒病、蚜虫

**易种指数**:★ ★ ★ ☆

**营养功效**

小白菜有利于预防心血管疾病,降低患癌症的风险,并能通肠利胃、促进肠管蠕动、保持大便通畅。还能健脾利尿、润泽皮肤、延缓衰老、清肺。小白菜含维生素 $B_1$、维生素 $B_6$、泛酸等,具有缓解精神紧张的功能。

**食用宜忌**

一般人群均可食用,但脾胃虚寒、大便溏薄者不宜多食小白菜。小白菜不宜生食,宜与猪肉同食,不宜与黄瓜同食。用小白菜制作菜肴,炒、煮的时间不宜过长,以免损失营养。

**推荐美食**

小白菜炖豆腐、土豆小白菜汤、香菇小白菜、小白菜炖排骨

小白菜种子细小

小白菜原产于我国,南北各地均有分布,在我国栽培十分广泛。小白菜是蔬菜中含矿物质和维生素最丰富的蔬菜。小白菜所含营养成分与白菜相近,其中钙的含量较高,几乎等于白菜中钙含量的2~3倍。

## 种子处理

小白菜种子细小,一般干籽直播,或者冷水浸泡1小时后再播种。

## 种植前准备

小白菜性喜冷凉,又较耐低温和高温,几乎一年到头都可种植。但如果从适口性、安全性和营养性看,1~3月份则是小白菜消费的最佳季节。冬季温度较低,小白菜的碳水化合物转为糖,油脂含量增加,可溶性蛋白质、不饱和脂肪酸、磷脂含量增加。生长期短、植株矮小的品种可多行直播。早熟种对温度反应敏感,生长发育快,要预防未熟抽薹;中晚熟种对温度要求较严,不宜过早播种。

## 播种

播种前先浇足水,水渗下后,将小白菜种子均匀撒播于苗床上,覆细土0.3~0.5厘米厚,再覆盖地膜。

## 日常管理

**温度:**播种后至幼芽拱土,保持苗床温度20℃左右,出苗后揭去覆盖物,防止烧苗。苗床温度控制在白天15℃~20℃,夜间10℃~15℃。

**间苗:**间苗2次,第1次在幼苗出土7天左右、有1~2片真叶时,拔除密生苗,留苗距1~2厘米,这时苗根浅、吸收力弱、忌旱,每2~3天洒水一次,保持畦面湿润。第2次在三叶一心时,拔除丛生苗、弱苗、病苗,留苗距3~4厘米,并结合浇水施肥2~3次,5~6片真叶时即可移栽定植。定植后不可缺水,保持土壤湿润。

**施肥:**小白菜根系分布浅,吸收能力弱,生长期短,直播定苗后及移栽成活后应及时追肥,以后隔10~15天再施一次追肥。

**中耕:**小白菜生长前期,应在浇水后中耕1~2次,浅铲土壤表面,增加根系透气性。中后期因叶片扩展,株间距缩小,不宜中耕,防止损伤叶片、降低质量而增加病害发生。

 **采收**

小白菜植株长到一定大小可随时采收。秋茬小白菜定植后30~40天可陆续采收,春茬小白菜须在抽薹前采收。

## 每100克小白菜的营养成分

| 主要营养素 | | 主要维生素 | | 矿物质 | |
|---|---|---|---|---|---|
| 蛋白质 | 1.5 克 | 维生素 A | 280 微克 | 钾 | 178 毫克 |
| 脂肪 | 0.3 克 | 维生素 B$_1$ | 0.02 毫克 | 钠 | 73.5 毫克 |
| 膳食纤维 | 1.1 克 | 维生素 B$_2$ | 0.09 毫克 | 钙 | 90 毫克 |
| 碳水化合物 | 2.7 克 | 维生素 C | 28 毫克 | 镁 | 18 毫克 |
| 热量 | 15 千卡 | 维生素 E | 0.7 毫克 | 磷 | 36 毫克 |
| | | 胡萝卜素 | 1.68 毫克 | 铁 | 1.9 毫克 |
| | | 烟酸 | 0.7 毫克 | 铜 | 0.08 毫克 |
| | | 叶酸 | 57.2 微克 | 锌 | 0.51 毫克 |
| | | 泛酸 | 0.32 毫克 | 硒 | 1.17微克 |

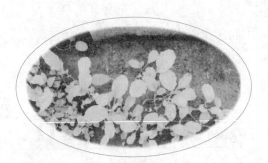

小白菜苗,此时可以间苗,
间出的苗不要扔掉,同土豆
片炖也是一种美味呢

间完苗的小白菜

定植到花盆后的小白菜苗,再
长大些还可继续间苗

采收前的小白菜,记住不要等到抽薹开花再采收

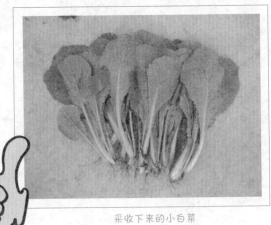

采收下来的小白菜

# 结球甘蓝

**科属**：十字花科芸薹属

**别名**：卷心菜、圆白菜、包心菜

**适合种植季节**：春、秋季

**可食用部位**：叶球

**生长期**：70~90 天

**采收期**：定植后 50~100 天

**常见病虫害**：黑腐病、软腐病、菜粉蝶

**易种指数**：★ ★ ★

**营养功效**

结球甘蓝具有益脾和胃、缓急止痛的作用，对治疗上腹胀气疼痛、嗜睡等疾病有一定的功效。甘蓝含有丰富的抗溃疡因子，还可杀菌、防癌抗癌、促进消化，对轻微溃疡或十二指肠溃疡有纾解作用。

**食用宜忌**

一般人群均可食用，特别适合动脉硬化、肥胖、消化道溃疡人群及孕妇食用，但有皮肤瘙痒性疾病、眼部充血者忌食。脾胃虚寒、泄泻及小儿脾弱者不宜多食。宜与猪肉、黑木耳等同食，不宜与黄瓜同食。

**推荐美食**

手撕包菜、凉拌圆白菜、圆白菜炒鸡蛋

结球甘蓝起源于地中海沿岸，16世纪开始传入我国。甘蓝具有耐寒、抗病、适应性强、易贮耐运、产量高、品质好等特点，在我国各地普遍栽培。适合比较宽敞的地方种植，有利于其包心。

 **播种**

甘蓝栽培都采用育苗移栽。盆栽一般种植秋甘蓝和春甘蓝。春甘蓝通常于2~3

月在温室育苗,育苗期60~80天;秋甘蓝于6~7月育苗,育苗期一般为35~40天。

在播种前要将种子暴晒2~3天,以提高发芽率,增强发芽势。为防止甘蓝苗期霜霉病和黑腐病,晒后可用40℃~45℃的温水浸种4~5小时,在浸种开始时应该充分搅拌,以便降低水温。种子出水后稍加摊晾,即用干净湿布包好,外面再包2层粗湿布,放于陶器内,于温暖处催芽。在催芽期间每天要用18℃~20℃温水淘洗一次,淘后稍晾再包好。包内温度掌握在20℃~25℃,当种子开始发芽,温度要降到18℃左右,3天后当胚根长到0.3厘米时即可播种。

播种前应浇底水一次,水层一般以8.25厘米左右为宜。底水渗完后,先撒一薄层细土再进行播种。播种要求均匀,出苗才能稀密一致。播种过后应当即覆约0.5厘米厚的细土。当幼芽顶土时进行第2次覆土,厚约0.3厘米。第3次覆封尖土在幼苗出齐、子叶平展、经过间苗后进行,厚度0.3厘米。

## 🌱 苗期管理

**间苗:**幼苗出齐后,子叶平展时进行第1次间苗,拔去小苗、弱苗及丛生苗。当幼苗第1片真叶生出后,选晴天的上午10时后或下午3时前进行第2次间苗,留苗距2厘米为宜。

**移栽:**一般早熟品种到雨水节气前,幼苗具有真叶二叶一心时应及时移植。覆土后浇定植水。定植水不要过大或过小,以移植后10分钟左右表土能反潮即可。

**中耕松土和蹲苗:**缓苗后当表土成松散状态时,应在晴天上午10时或下午3时左右及时中耕一次,以达保墒、提高

### 每100克结球甘蓝的营养成分

| | |
|---|---|
| 蛋白质 | 0.9 克 |
| 脂肪 | 0.2 克 |
| 膳食纤维 | 2.3 克 |
| 碳水化合物 | 4 克 |
| 热量 | 12 千卡 |
| 维生素 A | 2 微克 |
| 维生素 B₁ | 0.02 毫克 |
| 维生素 B₂ | 0.02 毫克 |
| 维生素 C | 16 毫克 |
| 胡萝卜素 | 1.2 微克 |
| 烟酸 | 0.2 毫克 |
| 钾 | 46 毫克 |
| 钠 | 42.1 毫克 |
| 钙 | 28 毫克 |
| 镁 | 14 毫克 |
| 磷 | 18 毫克 |
| 铁 | 0.2 毫克 |
| 铜 | 0.01 毫克 |
| 锌 | 0.12 毫克 |
| 硒 | 0.27 微克 |

地温和蹲苗的目的。第1次中耕后5~6天进行第2次中耕,其深度为3厘米左右。在中耕时要掌握株行间稍深、近根处稍浅的原则,以免伤根。

### ☀ 对环境条件的要求

**水分:**甘蓝要有充足的水分,一般在空气湿度80%~90%、土壤湿度70%~80%条件下结球最好。因为甘蓝叶片肥大且两面有气孔,根系分布浅,当土壤干旱时,生长受抑制,外叶易脱落,地上茎伸长,不抱球。尤其在结球期对水分要求更为突出,约占总需水量的70%。

**日照和温度:**甘蓝喜温和气候,能抗严霜和较耐高温。结球期适宜的温度为15℃~20℃,但适应温度范围为7℃~25℃,幼苗能忍耐-15℃低温和35℃的高温。天热抑制所有类型的生长并使其质量下降。

由营养生长转为生殖生长对环境条件要求严格,要求幼苗长到一定大小以后才能接受低温感应,在0~12℃下,经50~90天可完成春化。在正常情况下,北方以秋作甘蓝采种,第一年形成叶球,完成营养生长,经过冬季低温完成春化,第二年春通过长日照完成光周期而开花结实。

甘蓝为长日性作物,对光强适应性较宽,光饱和点为30 000~50 000勒克斯。它的生长时期所需日数较长,发芽期需8~10天;幼苗期需25~30天;莲座期,早熟品种需20~25天,中、晚熟品种需30~50天;结球期,早熟品种需20~25天,中、晚熟品种需30~50天。关于光周期,尖头型和平头型品种要求不是很严格,圆珠笔头型品种则要求长日照。进入生殖生长时期后,一般经历抽薹期、开花期和结果期。开花期需30~40天,结果期需40~50天。甘蓝在未结球以前,如遇低温条件,或在幼苗期就满足了它的春化要求,栽植后一旦遇到长日照条件,就可能出现"未熟抽薹"现象,叶球形成受阻。

**肥水:**甘蓝为喜肥和耐用肥作物,吸肥量较多,在幼苗期和莲座期需氮肥较多,结球期需磷、钾肥较多,全生长期吸收氮、磷、钾的比例约为3∶1∶4。每生产1千克叶球,吸收氮4.1~4.8克、磷0.12~0.13克、钾4.9~5.4克。

## 日常管理

当幼苗长到6~8片叶时，就要及时移栽定植，甘蓝植株比较大，若露台种植应选用较大较深的容器进行栽培。移植后覆盖地膜，以提高地温，促进缓苗和植株快速生长，提早结球。甘蓝定植后需浇缓苗水，此时由于气温较低，浇水后要及时中耕松土，以利保墒并提高地温，促进根系的恢复和生长。进入莲座期，植株要形成强大的同化器官，吸收水肥较多，可进行第1次追肥，每盆施氮素化肥10克左右，并充分供应水分。待叶球形成后，应控制浇水，防止叶球裂开，利于贮藏。

## 采收

采收前7~10天内不得再施肥、喷药。应于天气干燥、无露水的早晨采收。采收时将菜柄于稍低于外叶生长和内层紧附的部位轻轻切除，切柄时应注意清洁，叶柄的最大长度为3厘米。

甘蓝种子

出了2片子叶的甘蓝

长出几片真叶的甘蓝幼苗

甘蓝苗期

正在包心中的甘蓝

# 油麦菜

**科属:**菊料莴苣属

**别名:**莜麦菜、苦菜、牛俐生菜

**适合种植季节:**春、夏季

**可食用部位:**叶片

**生长期:**60~80 天

**采收期:**定植后 20~35 天

**常见病虫害:**霜霉病、蚜虫

**易种指数:**★ ★ ★ ★ ★

## 营养功效

油麦菜具有降低胆固醇、治疗神经衰弱、清燥润肺、化痰止咳等功效,是一种低热量、高营养的蔬菜,它还有助于睡眠。另外,它含有丰富的膳食纤维和维生素C,对减肥也有所帮助。

## 食用宜忌

一般人群皆可食用,但尿频、胃寒的人少食。若炒油麦菜,则炒的时间不能过长,断生即可,否则会影响成菜脆嫩的口感和鲜艳的色泽。宜与豆腐同食。采收下来的油麦菜不宜长期存放,应尽快食用。

## 推荐美食

清炒油麦菜、豆豉鲮鱼油麦菜、麻酱油麦菜

油麦菜子细长,略扁,挑选种子时注意有无瘪种

油麦菜是以嫩梢、嫩叶为产品的尖叶型叶用莴苣,叶片质地脆嫩,口感极为鲜嫩、清香,具有独特风味。油麦菜的营养价值略高于生菜,而远远优于莴笋。含有大量维生素和钙、铁、蛋白质、脂肪等营养成分,是生食蔬菜中的上品,有"凤尾"之称。

## 种子处理

油麦菜育苗要浸种催芽。方法是将种子用纱布包好后浸水3~4小时,然后取出冲洗干净,放入冰箱冷藏室内10~15小时,再浸种,有75%出芽即可播种。

## 播种

若盆栽可选择直径40~60厘米的通风透气性较好的花盆、泡沫箱或栽培槽。盆土选择以疏松、透气为主,可选用经细筛筛过的普通田土或选用80%草炭和20%疏松园土配比而成的壤土,在配好的盆土中可加复合肥5千克,混合均匀。播种采用直播。播种时先用小铲子挖好栽培沟,用手把种子放入沟中即可,播好后要用浮土盖上。菜苗有5~6片真叶即可定植,行距20厘米左右。

## 定植

如以采收叶及掰收分生小株为主的栽培,可栽植密些。若一次性采收大株的可稀些。定植时不宜种植过深,小苗的叶基部均应在土面上,不然会影响植株生长及侧株的萌发,甚至导致烂心。

## 对环境条件的要求

**土壤:**油麦菜对土壤要求不高,最适合肥沃的沙壤土。

**光照:**喜光照,但夏季光照过强需遮阴降温。

**温度:**油麦菜耐热耐寒,适应性强,种子发芽最适温度15℃~20℃,叶片生长适温11℃~18℃。

## 日常管理

定植时浇好定植水,1周后浇足缓苗水,缓苗后配合浇水冲施提苗肥,后期重施促棵肥,每平方米10克左右。定植缓苗后及时中耕除草以利于蹲苗,促进根系发育。整个生长发育期,既要保持充足水分,又要防止过湿而造成水渍危害,同时要做好病虫害的防治工作。

## 采收

油麦菜的采收不严格,14~16叶均可采收。采收时,一手扶住油麦菜菜身一侧,另一只手用小刀在油麦菜的根部齐根砍断。

### 每 100 克油麦菜的营养成分

| 主要营养素 | | 主要维生素 | | 矿物质 | |
|---|---|---|---|---|---|
| 蛋白质 | 1.4 克 | 维生素 A | 60 微克 | 钾 | 100 毫克 |
| 脂肪 | 0.4 克 | 维生素 B₃ | 0.2 毫克 | 钠 | 80 毫克 |
| 膳食纤维 | 0.6 克 | 维生素 C | 20 毫克 | 钙 | 70 毫克 |
| 碳水化合物 | 1.5 克 | 胡萝卜素 | 3.6 毫克 | 镁 | 29 毫克 |
| 热量 | 15 千卡 | | | 磷 | 31 毫克 |
| | | | | 铁 | 1.2 毫克 |
| | | | | 铜 | 0.08 毫克 |
| | | | | 锌 | 0.43 毫克 |
| | | | | 硒 | 1.55 微克 |

油麦菜子叶密密麻麻地钻出土壤        盆栽油麦菜苗期

间完苗的油麦菜

看看这些大棵的油麦菜，特别有食欲吧，赶紧采收，今天就涮火锅吧

配菜主菜两皆宜

# 生菜

**科属**：菊料莴苣属

**别名**：叶用莴苣、鹅仔菜、莴仔菜

**适合种植季节**：春、秋季

**可食用部位**：叶片

**生长期**：50~60 天

**采收期**：定植后 40~70 天

**常见病虫害**：霜霉病、软腐病、蚜虫

**易种指数**：★ ★ ★ ★ ★

**营养功效**

生菜中含有甘露醇等有效成分，有利尿和促进血液循环的作用。生菜中含有一种"干扰素诱生剂"，可刺激人体正常细胞产生干扰素，从而产生一种"抗病毒蛋白"抑制病毒。生菜因其茎叶中含有莴苣素，故味微苦，具有镇痛催眠、降低胆固醇、辅助治疗神经衰弱等功效。生菜也是爱美女性的必备菜，有"减肥菜"之称。

**食用宜忌**

一般人群皆可食用。尿频、胃寒的人应少吃。宜与海带、豆腐、鸡蛋等同食。

**推荐美食**

蚝油生菜、炝拌生菜、生菜肉片粥

　　生菜原产于欧洲地中海沿岸，是由野生种驯化而来的。生菜传入我国的历史较悠久，东南沿海特别是大城市近郊、两广地区栽培较多。近年来，栽培面积迅速扩大，生菜也由宾馆、饭店进入寻常百姓的餐桌。

　　我国栽培的生菜品种很多，按叶片的

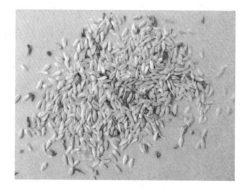

生菜种子与油麦菜种子类似，存种时千万别弄混

色泽分,有绿生菜、紫生菜两种;如按叶的生长状态分,有散叶生菜、结球生菜两种,前者叶片散生,后者叶片抱合成球状;如再细分则结球生菜还有3个类型,分别为奶油生菜、脆叶生菜和苦叶生菜。

### 种子处理

生菜种子小,发芽出苗要求有良好的条件,因此多采用育苗移栽的种植方法。将种子用水打湿放在纱布包中,置放在4℃~6℃的冰箱冷藏室中处理一昼夜,再行播种。

### 种植前准备

生菜株型中等,若盆栽可选择直径一般的浅花盆或箱子。盆土可选疏松、透气、重量轻、易于搬动的基质,尽量少用泥土。可选用经过细筛并经阳光暴晒消毒后的园土,再加些复合肥,这样既节省成本又方便可行。庭院种植可直接播种,播种前要注意整地。

### 播种

生菜种子细小,为使播种均匀,播种时宜将处理过的种子掺入少量细潮土或细沙,混匀,再均匀撒播,播种后覆土0.5厘米。冬季播种后盖膜增温保湿,可选用家里废弃的塑料袋、保鲜膜均可。夏季播种后覆盖报纸保湿,降温促出苗。在生菜小苗2~3片真叶时进行分苗,分苗后随即浇水,并覆盖覆盖物。缓苗后,适当控水,利于发根、苗壮。不同季节温度差异较大,一般4~9月育苗,苗龄25~30天,10月至翌年3月育苗,苗龄30~40天。待幼苗具有5~6片真叶时可定植。定植时要尽量保护幼苗根系,带土坨,可大大缩短缓苗期,提高成活率。

### 对环境条件的要求

**土壤:**生菜性喜微酸的土壤(pH值6~6.3最好),以保水力强、排水良好的沙壤土或黏壤土栽培为优。

**肥料:**生菜需要较多的氮肥,故栽植前基肥应多施有机肥,生长过程中,可配合浇水,采收嫩叶再追施有机肥。

**温度:**生菜属半耐寒性蔬菜,喜冷凉湿润的气候条件,不耐炎热。夏季炎热时,要注意苗期采取降温措施,并注意先期抽薹的问题。生菜生长适温为15℃~20℃,最适宜昼夜温差大、夜间温度较低的环境。结球生菜结球适温为10℃~16℃,温度超过25℃,叶球内部因高温会引起心叶坏死腐烂,且生长不良。

**水分:**生菜生长期间不能缺水,特别是结球生菜的结球期需水分充足,如干旱缺水,不仅叶球小,且叶味苦、质量差。但水分也不能过多,否则叶球会散裂,还易导致软腐病及菌核病的发生。只有适当的水肥管理,才能获得高产优质的生菜。

### 日常管理

**浇水:**生菜缓苗后,视盆土墒情和生长情况掌握浇水的次数。一般5~7天浇一次水,不可用大水管直接浇灌,宜选择孔径较小的喷壶进行喷淋,以防植株倒伏。春季气温较低时,水量宜小,浇水间隔的日期宜长;生长盛期需水量多,要保持土壤湿润。浇水既要保证植株对水分的需要,又不能过量,控制湿度不宜过大,以防病害发生。盆栽要注意将积水及时排除,并及时清理底盘,以防沤根、烂茎。定期翻耙土壤及除草,增强土壤通透性,促进根系发育。

**施肥:**定植初期,可结合缓苗水追肥一次,促进幼苗发根成活。以底肥为主,底肥足时生长前期可不追肥,至开始结球初期,随水追一次氮素化肥促使叶片生长;15~20天追第2次肥,以氮磷钾复合肥为好;心叶开始向内卷曲时,再追施一次复合肥。肥料可于市场直接购买,复合肥、冲施肥均可。采收前

### 每100克生菜的营养成分

| | |
|---|---|
| 蛋白质 | 1.3 克 |
| 脂肪 | 0.3 克 |
| 膳食纤维 | 0.7 克 |
| 碳水化合物 | 2 克 |
| 热量 | 13 千卡 |

| | |
|---|---|
| 维生素 A | 29 微克 |
| 维生素 B$_1$ | 0.03 毫克 |
| 维生素 B$_2$ | 0.06 毫克 |
| 维生素 C | 13 毫克 |
| 维生素 E | 1.02 毫克 |
| 胡萝卜素 | 1.79 毫克 |

| | |
|---|---|
| 钾 | 170 毫克 |
| 钠 | 32.8 毫克 |
| 钙 | 34 毫克 |
| 镁 | 18 毫克 |
| 磷 | 27 毫克 |
| 铁 | 0.9 毫克 |
| 铜 | 0.03 毫克 |
| 锌 | 0.27 毫克 |
| 硒 | 1.15 微克 |

生菜子叶及真叶

生菜小苗

定植后的生菜苗

7天停止追肥。

植株调整:盆栽生菜生长前期,可将花盆紧密摆放,这样既可节省空间又能方便管理。待植株生长中期,以防摆放过密而影响其生长,故每隔15天左右应稀一次盆,防止通透性差导致植株下部叶黄化。可在第1次定植时即留出空位,以免以后稀盆时费时费工。及时摘除盆中植株老、黄、病叶,增加通风透气性,防止病害的发生。

### 🧺 采收

散叶生菜的采收可根据需要而定。结球生菜的采收要及时,根据不同的品种及不同的栽培季节,一般定植后40～70天叶球形成,用手轻压有实感即可采收。

盆栽的绿叶生菜

这就是紫生菜,市面上不太常见

具有独特风味的火锅涮菜

# 茼蒿

**科属**：菊料茼蒿属

**别名**：蓬蒿菜、菊花菜、蒿子秆

**适合种植季节**：春、秋季

**可食用部位**：茎、叶

**生长期**：40~60 天

**采收期**：播种后 30~60 天

**常见病虫害**：霜霉病、猝倒病、蚜虫

**易种指数**：★ ★ ★ ★ ★

**营养功效**

茼蒿可消食开胃、通便利肺、清血养心、润肺化痰等。茼蒿还有一种挥发性的精油及胆碱等物质，可降血压和补脑。另外，茼蒿也有美化肌肤的作用。

**食用宜忌**

一般人群皆可食用，但一次不要食用太多。另外，胃虚泄泻者不宜食用。茼蒿宜与鸡蛋、鸡肉等同食。

**推荐美食**

清炒茼蒿、蒜蓉茼蒿、香干茼蒿、茼蒿炒肉

　　茼蒿的品种依叶片大小分为大叶茼蒿和小叶茼蒿两类。茼蒿的茎和叶可以同食，有"蒿之清气、菊之甘香，鲜香嫩脆"的赞誉，一般营养成分无所不备，尤其胡萝卜素的含量超过一般蔬菜。

茼蒿种子

## 种子处理

可用干籽播种或催芽后播种。催芽播种时,把种子放在30℃温水中浸泡24小时,淘洗晾干后放在15℃~20℃条件下催芽。每天用温水淘洗一次,3~5天出芽。茼蒿种子细小,为使播种均匀,播种时将处理过的种子掺入少量细潮土或细沙,混匀,再均匀撒播。

## 种植前准备

茼蒿根比较浅,若盆栽一般花盆和栽培槽都可以。栽培容器底部钻孔,以利于通风透气。所选栽培土壤或者基质要疏松、透气、无大土块等。栽培前要对栽培容器和基质进行消毒。定植前浇足底水。

## 定植

可进行撒播或者条播,播后覆盖一层1厘米左右的细土。

## 对环境条件的要求

**温度:**茼蒿为半耐寒蔬菜,喜冷凉温和气候,适应性较广。种子发芽适温为15℃~20℃,最低为10℃。生长适温为18℃~20℃,低于10℃和高于30℃则生长不良,品质降低。

**土壤:**对土壤要求不严,适于在微酸性、沙壤土上栽培。生长期间要求土壤湿润,肥料充足。

**光照:**茼蒿对光照要求不严,一般以较弱光照为好。在长日照条件下,营养生长不能充分发展,很快进入生殖生长而开花结籽。因此在栽培上宜安排在日照较短的春秋季节。

**水分:**肥水条件要求不严,但以不积水为佳。

## 日常管理

**温度管理**：温度宜控制在白天15℃~25℃，夜间10℃以上。

**水肥管理**：苗高3厘米左右时开始浇水，只浇小水或喷水。定植后3~5天，可结合缓苗水追肥一次，以后7~10天可追肥一次。以麻酱肥和豆渣肥为主。

**间苗**：当苗长出1~2片真叶时进行间苗结合拔除杂草，待幼苗长到5~6片真叶时定苗。间下的苗可随间随食用。

## 采收

定植后可随植株的生长陆续采收。光杆茼蒿一般采取一次采收，当株高20厘米时用刀割下。大叶茼蒿可多次采收，植株长到15厘米时在茎基部留2~3片叶掐去嫩茎，以促侧枝生长，以便进行下次采收。

### 每100克茼蒿的营养成分

| 主要营养素 | | 主要维生素 | | 矿物质 | |
|---|---|---|---|---|---|
| 蛋白质 | 0.8 克 | 维生素 A | 252 微克 | 钾 | 220 毫克 |
| 脂肪 | 0.3 克 | 维生素 B$_1$ | 0.04 毫克 | 钠 | 161 毫克 |
| 膳食纤维 | 0.6 克 | 维生素 B$_2$ | 0.09 毫克 | 钙 | 33 毫克 |
| 碳水化合物 | 1.9 克 | 维生素 E | 0.92 毫克 | 镁 | 20 毫克 |
| 热量 | 21 千卡 | 维生素 C | 18 毫克 | 磷 | 36 毫克 |
| | | 胡萝卜素 | 1.5 毫克 | 铁 | 2.5 毫克 |
| | | 烟酸 | 0.6 毫克 | 锌 | 0.35 毫克 |
| | | | | 锰 | 0.28 毫克 |
| | | | | 硒 | 0.6 微克 |

刚冒出头的茼蒿苗

茼蒿开始长大，密集的空间需要间苗了

真叶刚出现的茼蒿小苗

茼蒿采收前

长出2片真叶的茼蒿苗

采收下来的大叶茼蒿

被称美容佳品的空筒菜

# 空心菜

**科属:**旋花科番薯属

**别名:**蕹菜、通心菜、空筒菜等

**适合种植季节:**夏季

**可食用部位:**整株

**生长期:**50~100 天

**采收期:**播种后 35~45 天

**常见病虫害:**轮纹病、甜菜夜蛾

**易种指数:**★★★

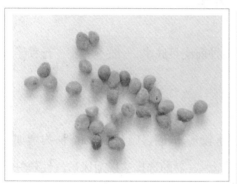

空心菜种子

空心菜刚发出的小苗

采收前的空心菜

采收下来的空心菜

**营养功效**

空心菜中粗纤维的含量较丰富,具有促进肠蠕动、通便解毒的作用。空心菜是碱性食物,食后可降低肠道的酸度,预防肠道内的细菌群失调,有防癌作用。空心菜中的叶绿素有"绿色精灵"之称,可洁齿防龋除口臭,健美皮肤。空心菜还有降低血糖的作用。

**食用宜忌**

一般人群皆可食用,但身体虚弱、低血压、胃寒及大便溏泄者不宜多食。空心菜不宜与牛奶同食。

**推荐美食**

蒜蓉空心菜、清炒空心菜、肉末空心菜

## 种子处理

北方家庭种植以夏季直播为主,只要播种前浇足底水,一般不需要进行种子处理。

## 种植前准备

空心菜生长速度快,分枝能力强,需肥水较多,故应多施基肥。此外,为增加基质的美观,可用珍珠岩、陶瓷土等覆盖。若盆栽,盆的选择应以通风透气性较好的瓦盆为佳,并附有底碟,防止浇水时渗出,影响环境及观赏效果。

## 播种

撒播后用细土覆盖1厘米厚左右,条播可在土面上横划一条2~3厘米深的浅沟,沟距15厘米,然后将种子均匀地撒施在沟内,再用细土覆盖。

## 对环境条件的要求

空心菜性喜温暖温润、耐光耐肥,生长势强,最大特点是耐涝抗高温。在15℃~40℃条件下均能生长,耐连作。对土壤要求不严,适应性广。夏季炎热高温仍能生长,但不耐寒,遇霜茎叶枯死。

## 日常管理

　　及时翻耙,清除杂草,保证空心菜良好的生长。浇水时,水量一定要浇湿浇透。空心菜是多次采收的作物,因此除施足基肥外,必须进行追肥才能取得高产。当空心菜小苗长到5~10厘米时,就可以进行第1次追肥了。追肥时应该先把肥料稀释后,再随着浇水进行施肥,施肥时要均匀。

## 采收

　　一般播种后35~45天当空心菜植株生长到35厘米高时应及时采收。第1~2次采收时,留基部2~3节,以促进萌发较多的侧蔓来提高产量,以后采收留1~2节即可。若出现分枝过多、过密、过细,则要疏剪。在初收期及生长后期,每隔7~10天采收一次,生长盛期5~7天采收一次。

## 每100克空心菜的营养成分

### 主要营养素

| | |
|---|---|
| 蛋白质 | 2.2 克 |
| 脂肪 | 0.3 克 |
| 膳食纤维 | 1.4 克 |
| 碳水化合物 | 3.6 克 |
| 热量 | 20 千卡 |

### 主要维生素

| | |
|---|---|
| 维生素 A | 253 微克 |
| 维生素 $B_1$ | 0.03 毫克 |
| 维生素 $B_2$ | 0.08 毫克 |
| 维生素 C | 25 毫克 |
| 维生素 E | 1.09 毫克 |
| 胡萝卜素 | 1.5 毫克 |
| 叶酸 | 120 微克 |
| 烟酸 | 0.8 毫克 |

### 矿物质

| | |
|---|---|
| 钾 | 243 毫克 |
| 钠 | 94.3 毫克 |
| 钙 | 99 毫克 |
| 镁 | 29 毫克 |
| 磷 | 38 毫克 |
| 铁 | 2.3 毫克 |
| 铜 | 0.1 毫克 |
| 锌 | 0.39 毫克 |
| 硒 | 1.2 微克 |

盘菜的点缀和配菜

# 西洋菜

**科属:**十字花科西洋菜属
**别名:**豆瓣菜、水芥菜、水田芥
**适合种植季节:**春、秋季
**可食用部位:**整株
**生长期:**20 天以上
**采收期:**定植后 20~30 天
**常见病虫害:**蚜虫、菜青虫
**易种指数:**★★

### 营养功效
西洋菜具有清燥润肺、化痰止咳、利尿等功效。还有通经的作用,并能干扰受精卵着床,阻止妊娠。罗马人还用西洋菜治疗脱发和坏血病。

### 食用宜忌
一般人群皆可食用,但脾胃虚寒、肺气虚寒、大便溏泄者及孕妇均不宜食用。

### 推荐美食
蒜蓉西洋菜、西洋菜猪骨汤、猪肉西洋菜饺子

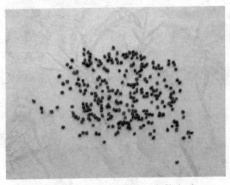

西洋菜种子细小,扁椭圆形,发芽力5年

西洋菜目前有以下两种类型:广州种和百色种。广州种原是由澳门地区引进的品种,其味道鲜美、口感好,是华南地区的当家品种。百色种又被称为百色西洋菜,是广西百色市的栽培品种,在广西和广东的湛江等地栽培较多。

西洋菜可与其他蔬菜、水果一起做沙拉生吃；也可以当火锅涮菜，其能去除油腻、增加食欲。它还可做成盘菜的点缀和配菜。

西洋菜适合盆栽，也可利用废弃鱼缸、大盆等进行水生栽培。水生栽培时随植株生长加深水层，至生长盛期保持5~7厘米水深。采收时掐取嫩茎即可。

## ♈ 培育壮苗

西洋菜主要用嫩茎繁殖，节部生根，成活快。插栽1个月后，苗生长12~15厘米，茎秆粗壮时，即可分株栽种。如果用种子繁殖，需先育苗。用种子繁殖的需培育壮苗，用嫩茎扦插繁殖时只需剪茎插植。

种子繁殖：育苗容器可选择比较大的、底部带有多个孔洞的花盆或箱子，以保证育苗器具的通透性。育苗基质可选择细筛筛过的普通田土，也可购买市面上调配好的育苗基质或自行配比，如自行调配，可按照蛭石∶草炭∶珍珠岩∶有机肥=3∶3∶1∶1的比例进行配比，并掺加适量多菌灵，混合均匀，浇透底水备用。因西洋菜种子细小，为使播种均匀，将种子先与半脸盆细沙土拌匀后一起撒播，播后覆细沙土约半指厚，并注意保持盆土湿润，以利发芽和出苗。出苗后若发现肥力不足，可适当追施少量速效化肥，以促壮秧，长至12~15厘米时即可移栽。

扦插繁殖：利用西洋菜茎节再生不定根能力强的特点，剪取其嫩茎扦插很容易成活，对不开花结果品种的繁殖极为方便。扦插容器可采用育苗播种的容器，基质

| 每100克西洋菜的营养成分 | |
| --- | --- |
| 蛋白质 | 2.9 克 |
| 脂肪 | 0.5 克 |
| 膳食纤维 | 1.2 克 |
| 碳水化合物 | 1.5 克 |
| 热量 | 17 千卡 |
| | |
| 维生素 A | 1592 微克 |
| 维生素 B₁ | 0.01 毫克 |
| 维生素 B₂ | 0.11 毫克 |
| 维生素 C | 52 毫克 |
| 维生素 E | 0.59 毫克 |
| 胡萝卜素 | 9.5 毫克 |
| 烟酸 | 0.3 毫克 |
| | |
| 钾 | 179 毫克 |
| 钠 | 61.2 毫克 |
| 钙 | 30 毫克 |
| 镁 | 9 毫克 |
| 磷 | 26 毫克 |
| 铁 | 1 毫克 |
| 铜 | 0.06 毫克 |
| 锌 | 0.69 毫克 |
| 硒 | 0.7 微克 |

配比也同上。栽植前只要剪取有5~6节、长12~15厘米的粗壮嫩茎移栽即可。定植时须使种苗基部浅埋土中。

## 种植前准备

西洋菜根系浅，匍匐或半匍匐状丛生长，因此花盆的选择不宜过深但直径可大些。盆土宜选疏松、透气、重量轻、易于搬动的基质。基质可在市面上购买调配好的成品，也可以用商品基质混配。如为节约成本也可选用经过细筛并阳光暴晒消毒后的园土，再加些复合肥，混合均匀即可待用。此外，为增加基质的美观，可用珍珠岩、陶瓷土等覆盖。盆的选择应以通风透气性较好的瓦盆为佳，并附有底碟，防止浇水时渗出，影响环境及观赏效果。

## 定植

根据不同栽培方式，确定栽植时间后，选取苗高12~15厘米的壮苗或截取的嫩、壮茎，栽入盆土中3~5厘米，每穴栽1~3株，以半卧式栽苗为宜。控制水分，以防水分过大沤根、烂茎。

## 对环境条件的要求

**温度：**西洋菜喜欢冷凉，较耐寒，不耐热。生长最适温度为15℃~25℃。20℃左右生长迅速，品质好。10℃以下生长缓慢，0℃以下容易受冻，30℃以上生长困难，持续高温，易枯死。

**土壤及水分：**西洋菜在各种土壤中均可种植，以黏壤土和壤土较适宜，适中性土壤。西洋菜要求浅水和空气湿润，生长盛期要求保持5~7厘米深的浅水。水层过深，植株易徒长，不定根多，茎叶变黄。水层过浅，新茎易老化，影响产量和品质。

**湿度及光照：**西洋菜生长期适宜的空气相对湿度为75%~85%。西洋菜喜欢光照，生长期要求阳光充足，以利进行光合作用，提高产量和品质。如果生长期光照不足,或者栽植过密,茎叶生长纤弱,则易降低产量和品质。

## 日常管理

**浇水**:定植后要使盆土常保持湿润,可用孔径较细的小喷壶进行淋水。高温炎热天气时避免午间阳光下浇水,要在早晚浇水。如将花盆摆放于室外,遇大雨要及时排水,并倒出盆中及底盘积水,防止淹泡植株导致烂茎。

**光照**:控制好生长适温,尽力增加光照,防止受害。

**追肥**:西洋菜的生长周期很短,移栽成活后,从定植到采收需20~30天。基肥须充足,一般不追肥,无基肥的可在定植后追肥一次,以速效氮肥为主。以后每剪取一次,追施肥一次,追肥后立即浇水。也可选用浸泡过的稀麻渣水进行肥料追施。

**拔草**:生长期间如杂草较多,应及时拔除,以防影响植株正常生长。

## 采收

西洋菜从定植到始收20~30天,嫩茎长25厘米左右便可收割一次。用剪刀剪下或锋利的小刀割下嫩茎即可,以后每隔10~20天可再次割取一次。

# 韭菜

**科属**:葱科葱属

**别名**:韭、山韭、扁菜、壮阳草等

**适合种植季节**:春、秋季

**可食用部位**:嫩茎叶

**生长期**:80~120 天

**采收期**:定植后 30 天

**常见病虫害**:疫病、灰霉病

**易种指数**:★ ★ ★

## 营养功效

韭菜既能食用又能药用,浑身都是宝。韭菜根和叶温中、行气、散瘀。韭菜本身具有护肝、消除身体疲劳、促进胃肠蠕动、促进骨骼及牙齿发育等作用。韭菜汁还对痢疾杆菌、伤寒杆菌、大肠杆菌、葡萄球菌有抑制作用。

## 食用宜忌

一般人群皆可食用,但胃肠虚弱的人不宜多食,有阳亢及热性病症的人也不宜食用。不要天天食用,尤其夏季炎热时不宜食用。宜与鸡蛋同食,不宜与牛奶、菠菜、蜂蜜等同食。

## 推荐美食

韭菜炒鸡蛋、韭菜盒子、韭菜炒土豆丝、韭菜炒绿豆芽

韭菜子黑色略扁,本身也具有一定的食疗功效,可补肝肾

大塑料盒中定植后的韭菜
苗,正在茁壮成长

此时的韭菜苗高35厘米,可以采
收食用了

### 种子处理

　　为提高发芽率,播前晒种2~3天。晒后用40℃温水浸种24小时,捞出洗净沥
干,用湿布包好放入20℃~25℃环境中催芽,约3天80%种子露白后即可播种。

### 播种和育苗

　　播种前对花盆及土壤进行消毒。土壤要求疏松细致。可购买基质,也可以自
己配制,比例为80%草炭和20%疏松园土。播前浇足底水,水渗后先薄撒一层细

土,以免种子粘泥,影响呼吸,然后均匀地将种子撒入苗床,播后覆细土1~2厘米,第二天再覆细土1~1.5厘米,这样可使土壤上下层不连接,又保持表土疏松湿润,利于幼苗出土。若庭院种植要先做好土壤的耕作,在播种前一定要深翻土地,并要施好底肥和浇好水。出苗后,保持土壤湿润,当苗高4~6厘米时,及时浇水,以后每隔5~6天浇水一次,当苗高10厘米时,随水浇施尿素或者麻酱饼肥,每平方米5克左右。苗高15~20厘米时,再浇施尿素5克左右,以后暂停施肥,以促进地上地下协调生长。

## 🪴 定植

当株高长到20厘米或发现幼苗拥挤时抓紧定植,一般在出苗后50~60天即达定植标准。定植不能晚于5月中旬,否则6~7月份的高温多雨天气不利于幼苗成活。

## ☀ 对环境条件的要求

韭菜抗寒、耐热适应性强,对土壤要求不严,但以耕作层深厚、富含有机质、保水力强、透气性好的壤土为最适宜,土壤过分黏重,排水不良,水大容易死苗,沙土容易脱肥,生长一般较瘦弱。

## 🍗 日常管理

**定植当年的管理:**为保证幼苗成活,栽后应立即浇水。当新叶出现、新根发生时,施麻酱饼肥或者尿素一次,每平方米10克左右。雨季注意排水和清除杂草。7月中旬,追施饼肥,肥土应混匀,随即浇水。以后5~6天浇水一次。8月中旬,追尿素10克或保持土壤见干见湿。

**第二年及以后的管理:**韭菜长至2年以后,每年管理方法略同。早春为了提高地温,促进萌芽,将枯叶和杂草清除后在上面铺撒2~3厘米厚的土或者覆盖塑料薄膜提温。等新芽出土后,浇一次尿素,待苗高15~18厘米时浇水。每次收获后2~3

天,浇施尿素10~15克。秋季是韭菜旺盛生长期,要加强肥水管理。在韭菜凋萎前50天左右,停止收割,使其自然凋萎,以利营养转移到根中,为第二年春天韭菜健壮生长打好基础。

## 采收

**采收时期:**春季叶片旺盛生长,是主要的收获期;夏季高温多雨,品质变劣,多不收割;秋季叶片再次旺盛生长,又出现一次收获盛期。

**采收次数:**韭菜通常一年采收5~6次,如肥水条件好,管理得当,可采收7~8次。

**收获方法:**苗高35厘米左右,生长期20～25天即可收获。过早长势不够影响产量,太过晚粗纤维多影响口味。

### 每100克韭菜的营养成分

| 主要营养素 | | 主要维生素 | | 矿物质 | |
|---|---|---|---|---|---|
| 蛋白质 | 2.4 克 | 维生素 A | 235 微克 | 钾 | 247 毫克 |
| 脂肪 | 0.4 克 | 维生素 $B_1$ | 0.02 毫克 | 钠 | 8.1 毫克 |
| 膳食纤维 | 1.4 克 | 维生素 $B_2$ | 0.09 毫克 | 钙 | 42 毫克 |
| 碳水化合物 | 4.6 克 | 维生素 C | 24 毫克 | 镁 | 25 毫克 |
| 热量 | 26 千卡 | 维生素 E | 0.96 毫克 | 磷 | 38 毫克 |
| | | 胡萝卜素 | 1.4 毫克 | 铁 | 1.6 毫克 |
| | | 叶酸 | 61.2 微克 | 铜 | 0.08 毫克 |
| | | 烟酸 | 0.8 毫克 | 锌 | 0.43 毫克 |
| | | | | 硒 | 1.38 微克 |

降血压的首选菜

# 芹菜

**科属:**伞形科芹属
**别名:**旱芹、洋芹菜
**适合种植季节:**春、秋季
**可食用部位:**嫩茎叶
**生长期:**90~150天
**采收期:**定植后50~60天
**常见病虫害:**病毒病、斑枯病、蚜虫
**易种指数:**★★★☆

**营养功效**
芹菜清热除烦、平肝、利水消肿、凉血止血,对高血压、头痛、头晕、黄疸、水肿、小便热涩不利、女性月经不调、赤白带下等病症有一定的治疗作用。常吃芹菜,能减少男性精子的数量,对避孕有所帮助。

**食用宜忌**
一般人群皆可食用,特别适合高血压者、动脉硬化者及经期女性等食用,但血压偏低、脾胃虚寒等及备孕的男性应少吃。另外,芹菜叶比芹菜茎更有营养,千万不要丢掉。芹菜宜与牛肉、豆腐、番茄等同食,不宜与螃蟹、鸡肉、黄豆等同食。

**推荐美食**
芹菜粥、拌芹菜、芹菜炒牛肉、羊肉芹菜、香干芹菜

　　芹菜原产于欧洲南部和地中海地区。古代希腊人和罗马人用于调味,古代中国用于医药。在欧洲,芹菜通常作为蔬菜煮食或作为汤料及蔬菜炖肉等的佐料;在美国,生芹菜常用来做开胃菜或沙拉。芹菜因品种不同,有些适合盆栽,有些适合庭院种植。

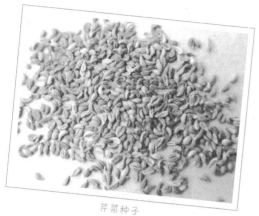

芹菜种子

刚出苗的盆栽芹菜

日渐长大的芹菜苗，这时要注意间苗

小芹菜苗间下后，不要扔掉，此时也可以食用

定植后的盆栽芹菜苗，有足够的空间进行生长

根茎长好，可以采收了，还可以割下来送人

### 种子处理

采用物理消毒法即温汤浸种,将种子放于55℃热水中不断搅拌至室温,再用冷水浸泡24小时使种子充分吸水,然后用纱布沥干,放于室内阴凉处15℃左右催芽,每天淘洗种子1~2次,经7~15天即可出芽。此期间种子要保持湿润,有一定的光照条件。

### 种植前准备

育苗应选用广口花盆或木桶等,盆土宜选疏松、透气、重量轻、易于搬动的基质,基质的主要成分为80%草炭和20%疏松园土。定植容器可选用深20厘米左右的花盆、泡沫箱、栽培槽等进行栽植,可使用家庭种植过的老花土,但使用前要经过阳光消毒。

### 播种

将出芽后的种子掺土撒播于广口花盆中,一般3~5天出苗,由于苗期温度较高,应放于露台背阴通风处或应用遮阳网覆盖降温。当菜苗真叶刚露出时开始间苗,长到二叶一心时,再间一次苗,苗距3厘米。苗龄50~60天。庭院种植可直播。播种要均匀,播种每平方米2~5克,播种后覆盖一层细土,以盖没种子为度。幼苗5~6片真叶时可定植。

### 定植

当菜苗长到株高15~20厘米、5~6片真叶、根系发达、无病虫时即可定植。育苗盆提前浇透水,下午4~5点移苗定植,注意别伤根,株行距8厘米×(10~15)厘米。定植深度以苗坨高于栽培土面0.2厘米为宜,栽后浇透水。定植后扣3~7天的遮阳网,来防晒、保湿、缓好苗。

### 对环境条件的要求

**土壤:**适宜富含有机质、保水、保肥力强的土壤或黏壤土。

**光照:**对光照要求不高。

**温度：**芹菜为耐寒蔬菜，种子发芽适宜温度为18℃~25℃，生长期间要求冷凉湿润的环境条件，高温干旱条件下生长不良，生长适宜温度15℃~22℃，耐低温，0℃不受冻，不耐高温，30℃以上生长不良。

### 日常管理

**浇水、中耕：**定植后要小水勤浇，保持土壤湿润，以利缓苗；缓苗后，为促进新根和新叶的发生，须中耕蹲苗，及时除草。

**施肥：**芹菜的生长前期以发棵长叶为主，进入生长的中后期则以伸长叶柄和叶柄增粗为主。生长前期吸收氮、磷养分为主，以促进根系发达和叶片的生长，到生长旺盛期（8~9叶到11~12叶期）也是养分吸收最多的时期。对氮、磷、钾吸收量迅速增加，施肥量要加大。随水7~10天追肥一次。

**保温、防晒：**芹菜夏季应该避高温，才能生长快，产量高，采收期长。从10月底到11月中旬，气温明显下降，要注意防止霜冻。

### 采收

定植后50~60天、叶柄长度达40厘米后即可掰叶采收。前期采收可先掰叶，由距植株基部5厘米左右处开始，掰叶不可过度，必须保留2~3片功能叶以便采收后不影响植株长势。为了使伤口迅速愈合，掰叶后不能立即浇水。当生长到最后心叶直立向上、心部充实时及时采收，采收时用小刀或剪子平土面割下（不要散棵）。

## 每100克芹菜的营养成分

| 成分 | 含量 |
| --- | --- |
| 蛋白质 | 0.6 克 |
| 脂肪 | 0.1 克 |
| 膳食纤维 | 2.6 克 |
| 碳水化合物 | 4.8 克 |
| 热量 | 12 千卡 |

| 维生素 | 含量 |
| --- | --- |
| 维生素 A | 10 微克 |
| 维生素 $B_1$ | 0.01 毫克 |
| 维生素 $B_2$ | 0.08 毫克 |
| 维生素 C | 12 毫克 |
| 维生素 E | 2.21 毫克 |
| 烟酸 | 0.2 毫克 |
| 叶酸 | 29.8 微克 |

| 矿物质 | 含量 |
| --- | --- |
| 钾 | 15 毫克 |
| 钠 | 313 毫克 |
| 钙 | 36 毫克 |
| 镁 | 15 毫克 |
| 磷 | 35 毫克 |
| 铁 | 0.2 毫克 |
| 锌 | 0.1 毫克 |
| 锰 | 0.06 毫克 |
| 硒 | 0.1 微克 |

餐桌上常见的调味菜

# 香菜

**科属:**伞形科芫荽属
**别名:**芫荽、胡菜、园荽
**适合种植季节:**春、秋季
**可食用部位:**茎叶
**生长期:**40~60 天
**采收期:**定植后 30 天
**常见病虫害:**灰霉病、蚜虫
**易种指数:**★ ★ ★ ☆

**营养功效**
香菜中的维生素C及胡萝卜素的含量都较其他蔬菜高。脾胃虚寒的人适度吃点香菜也可起到温胃散寒、助消化、缓解胃痛的作用。还可以治疗麻疹应出不出或是出不透。

**食用宜忌**
一般人群均可食用,尤其适宜外感风寒者、脱肛者、食欲不振者、小儿出麻疹者食用。体弱及胃溃疡患者不宜多食。口臭、狐臭、严重龋齿、慢性皮肤病、眼病及癌症患者忌食。香菜宜与羊肉同食,不宜与黄瓜、动物肝脏、猪肉等同食。服用补药和中药白术、丹皮时,也不宜服用香菜。

**推荐美食**
香菜鱼片汤、拌香菜、香菜肚丝、香菜萝卜汤

香菜原产地为地中海沿岸及中亚地区,北方俗称"芫荽"。香菜由于有刺激性气味而少虫害,一般不需要喷洒农药,接近有机食品,非常适合生食、泡茶和做菜炒食,也可做馅料用。

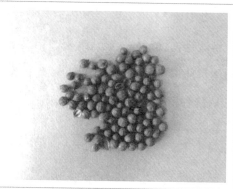

这是裹上种衣剂的香菜种子，其种皮颜色应该是棕色

刚刚长出几片真叶的香菜

香菜半成熟期，叶片跟芹菜类似，但却有一股香味

香菜可以边间苗边食用，也可以一起采收食用

## 种植前准备

香菜宜选择保水保肥性能好、旱能浇涝能排、通透良好、肥沃疏松、3年以上未种过香菜的壤土地,切不可重茬。可利用番茄、黄瓜、豇豆等为前茬。前茬收后,及时清除作物残体。耕前需施足基肥。庭院种植整平作畦,做到土壤疏松、无硬块,使土壤与肥料均匀混合,畦平整。

## 播种

香菜不耐高温,喜温凉,高温季节栽培易抽薹,所以应以秋种香菜为主。种子为半球形,外包着一层果皮。播前先把种子搓开,以防发芽慢和出双苗,影响单株生长。条播行距10~15厘米,开沟深5厘米;撒播开沟深4厘米。条播、撒播均覆土2~3厘米。播后用脚踩一遍,再浇水,保持土壤湿润。同时还应注意由于香菜出土前的土壤板结,出现幼苗顶不出土的现象。可于播后及时查苗,如发现幼苗出土时有土壤板结现象时,一定及时中耕松土,以助幼苗出土。

## 定植

定植前,视土壤墒情浇水造墒,待水渗后定植。当幼苗长到3厘米左右时进行间苗、定苗,株距10~20厘米。

## 对环境条件的要求

**温度**:香菜属耐寒性蔬菜,要求较冷凉湿润的环境条件。一般条件下幼苗在2℃~5℃低温下,经过10~20天,可完成春化。生长适温15℃~18℃。

**光照**:香菜属于长日照植物。在长日照条件下,通过光周期而抽薹。

**土壤**:香菜为浅根系蔬菜,吸收能力弱,所以对土壤水分和养分要求均较严格,对土壤酸碱度适应范围为pH值6.0~7.6。香菜在保水保肥力强、有机质丰富的土壤中最适宜生长。

## 日常管理

**浇水**:香菜定植前一般不浇水,以利控上促下,蹲苗壮根。定苗后及时浇一次稳苗水,量以不淹没幼苗为宜。随着苗棵旺盛生长,需水量逐渐增多,浇水间隔时间也逐渐缩短。基本上是全生育期浅水5~7次。头三水间隔10天左右浇一次,从四水起间隔6~7天。经常保持土壤湿润,收获前要控制浅水。

**施肥:**结合浇水要分期进行追肥,头水轻追提苗肥,以后每浇2~3次水就追一次肥。可施用购买的成品肥,也可用家庭自制的肥料。

**中耕除草:**一般整个生长期中耕、松土、除草2~3次。第1次多在幼苗顶土时,用轻型手扒锄或小耙进行轻度破土皮松土,消除板结层。同时拔除早出土的杂草,以利幼苗出土茁壮生长。第2次于苗高2~3厘米时进行,条播的可用小平锄适当深松土,结合拔除杂草。第3次是在苗高5~7厘米时进行。

### 采收

香菜在高温时,定植后30天便可收获;而在低温时,则在定植后40~60天方可采收。采收可根据个人需要,可间拔,也可一次全部收获。

## 每100克香菜的营养成分

| 主要营养素 | | 主要维生素 | | 矿物质 | |
| --- | --- | --- | --- | --- | --- |
| 蛋白质 | 1.8克 | 维生素A | 193微克 | 钾 | 272毫克 |
| 脂肪 | 0.4克 | 维生素B$_1$ | 0.04毫克 | 钠 | 48毫克 |
| 膳食纤维 | 1.2克 | 维生素B$_2$ | 0.14毫克 | 钙 | 101毫克 |
| 碳水化合物 | 6.2克 | 维生素C | 48毫克 | 镁 | 33毫克 |
| 热量 | 31千卡 | 维生素E | 0.8毫克 | 磷 | 49毫克 |
| | | 胡萝卜素 | 1.16毫克 | 铁 | 2.9毫克 |
| | | | | 铜 | 0.21毫克 |
| | | | | 锌 | 0.45毫克 |
| | | | | 硒 | 0.53微克 |

枝叶能散发诱人清香

# 芝麻菜

**科属:**十字花科芝麻菜属

**别名:**紫花南芥、芸芥、德国芥菜

**适合种植季节:**春、秋季

**可食用部位:**整株

**生长期:**50~60 天

**采收期:**播种后 30~40 天

**常见病虫害:**蚜虫

**易种指数:**★ ★ ☆

**营养功效**

经常食用芝麻菜不仅可以改善钙摄入量的不足、增强机体的免疫力和肝脏的解毒功能,而且还能降低血液中的胆固醇含量,减慢动脉粥样硬化的进程。芝麻菜油的脂肪酸中含有一定量的芥子酸和花生酸,有特殊香味,可做调料食用。芝麻菜还有治疗尿频的妙用。

**食用宜忌**

一般人群皆可食用,但肺虚喘嗽、脾肾阳虚、水肿者禁食。

**推荐美食**

凉拌芝麻菜、菠菜芝麻菜沙拉

芝麻菜苗

芝麻菜是我国蔬菜专家从地方品种中筛选出来的稀特蔬菜,为一年生植物。芝麻菜枝叶繁茂,能散发出一种诱人的清香,且营养丰富。新鲜茎叶食用时可以凉拌,能清热去火,也可以做馅、做汤或加工成罐头等,清鲜味美,风味独特。

## 🌱 播种

全年均可播种,但以春季(3~5月)和秋季(8~10月)为最佳。可将2~3倍的细土与种子拌匀后再播种。依照不同的栽培容器,可以撒播,也可进行条播。

## ☀ 对环境条件的要求

芝麻菜对环境要求不严格,其具有很强的抗旱和耐贫瘠能力。种子发芽的最适宜温度为15℃~20℃。在土壤含水量适宜(相对含水量在70%~80%之间)的情况下,茎叶生长更好。整个生育期为50~60天。

## 🫗 日常管理

**浇水:**要注意经常浇水,以保持土壤湿润,防止因干旱而降低产量和品质。浇水以"小水勤浇"为原则。

**施肥:**可以施家庭自制的麻酱渣,也可以购买商品液体肥。每隔7~10天追施一次。生长前期宜追施稀薄液肥,忌施浓肥,以后随着植株长势的加旺,可逐渐提高施肥的浓度和适当增加施肥量。

## 🧺 采收

一般在15℃~18℃下播种后30~40天,当苗高约20厘米时即可陆续采收,采收过早产量较低,采收过迟品质较差。采收时连根铲起,去除泥土和老、黄叶片,洗净。

| 每100克芝麻菜的营养成分 | |
| --- | --- |
| 蛋白质 | 2.6克 |
| 脂肪 | 0.7克 |
| 膳食纤维 | 1.6克 |
| 碳水化合物 | 3.6克 |
| 热量 | 25千卡 |
| 维生素A | 2373微克 |
| 维生素$B_1$ | 0.04毫克 |
| 维生素$B_2$ | 0.86毫克 |
| 维生素C | 15毫克 |
| 维生素E | 0.43毫克 |
| 烟酸 | 0.3毫克 |
| 钾 | 369毫克 |
| 钠 | 27毫克 |
| 钙 | 160毫克 |
| 镁 | 47毫克 |
| 磷 | 52毫克 |
| 铁 | 1.46毫克 |
| 铜 | 0.07毫克 |
| 锌 | 0.47毫克 |
| 硒 | 0.3微克 |

食用最多最广的餐桌"常客"

# 白菜

**科属:**十字花科芸薹属
**别名:**大白菜、胶菜、绍菜
**适合种植季节:**夏、秋季
**可食用部位:**叶
**生长期:**70~80天
**采收期:**播种后40~70天
**常见病虫害:**软腐病、菜青虫
**易种指数:**★★★★

## 营养功效

白菜具有养胃生津、除烦解渴、通利肠胃、清热解毒等功能,适合大众食用。民间素有"鱼生火,肉生痰,白菜豆腐保平安"之说。白菜可增加机体对感染的抵抗力,用于坏血病、牙龈出血、各种急慢性传染病的防治。白菜中的纤维素可增强肠胃的蠕动,助消化和排泄,从而减轻肝、肾的负担,防止多种胃病的发生,对预防肠癌有良好作用。常吃大白菜可以起到抗氧化、抗衰老作用。

## 食用宜忌

一般人群皆可食用,尤其适于偏胖、脾胃不和、咳嗽有痰、便秘、患肾病的人群,同时女性也应该多吃。但胃寒腹痛、大便溏泄及寒痢者不宜多吃。此外,白菜在腐烂的过程中产生毒素,容易使人体发生严重缺氧,甚至有生命危险,所以腐烂的大白菜一定不能食用。隔夜的熟白菜和未腌透的大白菜也应忌食。大白菜宜与猪肉、鲤鱼、虾仁等同食,忌与兔肉同食。

## 推荐美食

拌白菜心、醋熘白菜、白菜饺子、白菜豆腐

白菜原产于我国和地中海沿岸,19世纪传入日本、欧美各国。在我国北方的冬季,大白菜更是餐桌上的常客,故有"冬日白菜美如笋"之说。

白菜适合庭院种植。

白菜苗期

白菜包心期

看着包心的白菜日渐瓷实,赶紧在霜冻前收割吧

## 育苗

根据白菜在营养生长期内要求的温度是由高向低转移的特点，庭院种植以8月为好，具体日期根据当时当地的气候而定。也可进行春播，待气温在15℃以上定植。白菜可浸种催芽也可干籽直播，畦面浇足底水后播种，用齿耙轻耙表土，使种子播入土，然后覆盖0.5~1.0厘米厚的过筛细土，遮阴防晒、保湿。苗期要防止强光暴晒，出苗前保持土壤或基质湿润，出苗后浇一次小水，水渗后铺上一层细土，以便保水并弥严土缝。

## 整地和定植

白菜不宜与十字花科的作物重茬，可与瓜类、豆类及大田作物轮作。定植前要深翻土地，早春结合中耕培土破坏子囊盘。耕前需施足基肥，一般每平方米施购买的精制有机肥1.5~2.5千克，或腐熟圈肥3~4千克、过磷酸钙5~7.5千克耕入土中。整平作畦，使土壤疏松无土块，土壤与肥料均匀混合，畦平整。播种前，视土壤墒情浇水造墒，待水渗后播种。播种时，1米宽的畦开2条沟，将种子均匀播在沟内。栽植深度因气候、土质而异，早秋宜浅栽，防止因深栽烂心。土质较松，栽植可稍深；黏重土壤宜浅栽。注意及时间苗，可在拉十字时开始间苗，5片真叶时再间一次，到团棵阶段时定植定棵，苗距40~50厘米。浇缓苗水，以土壤见干见湿为宜。

## 对环境条件的要求

**温度:**白菜喜冷凉气候，平均气温18℃~20℃和阳光充足的条件下生长最好。-3℃~-2℃能安全越冬。25℃以上的高温生长衰弱，易感病毒病，只有少数较耐热品种可在夏季栽培。白菜萌动的种子及绿体植株在气温15℃以下，经历一定的天数完成春化，苗端开始花芽分化，而叶分化停止。

**土壤:**白菜喜有机质高、土层深厚且保水保肥性好的壤土。

**光照:**在长日照及较高的温度条件下抽薹、开花，但不同品种对长日照的要求有明显差异。

### 日常管理

白菜根群浅,吸收能力较弱,生长期间应不断供给肥水。多次追施速效氮肥。定植后3~5天内不可缺水,特别是夏季和早秋,栽后须连续3~4天每天早晚浇水。定植后及时随浇水追肥,促苗恢复生长;应随白菜个体生长增加追肥浓度和用量。追肥结合浇水进行。适时进行翻耙除草,以疏松土壤,促进根系生长。自制肥料施肥以麻酱肥或豆渣肥为主。植株生长期间应注意及时摘除植株下部老、黄、病叶,以减少养分消耗,利于通风透光,保证植株旺盛生长。

### 采收

白菜除早熟品种提早收获外,中、晚熟品种可待叶球充分成熟时,尽可能延迟收获。但应密切关注天气情况,抓紧在霜冻前收获完毕。

## 每100克白菜的营养成分

| 主要营养素 | | 主要维生素 | | 矿物质 | |
|---|---|---|---|---|---|
| 蛋白质 | 1.5克 | 维生素A | 20微克 | 钠 | 57.5毫克 |
| 脂肪 | 0.1克 | 维生素B$_1$ | 0.04毫克 | 钙 | 50毫克 |
| 膳食纤维 | 0.8克 | 维生素B$_2$ | 0.05毫克 | 镁 | 11毫克 |
| 碳水化合物 | 3.2克 | 维生素C | 31毫克 | 磷 | 31毫克 |
| 热量 | 17千卡 | 维生素E | 0.76毫克 | 铁 | 0.7毫克 |
| | | 胡萝卜素 | 120微克 | 铜 | 0.05毫克 |
| | | 叶酸 | 0.6毫克 | 锌 | 0.35毫克 |
| | | | | 硒 | 0.49微克 |

# 番茄

**科属:**茄科茄属

**别名:**西红柿、洋柿子、狼桃

**适合种植季节:**春、秋季

**可食用部位:**浆果

**生长期:**90天以上

**采收期:**定植后60天左右

**常见病虫害:**灰霉病、叶霉病、蚜
　　虫、白粉虱、日灼病

**易种指数:**★★★★

### 营养功效

番茄含的"番茄素",有抑制细菌的作用;其含的苹果酸、柠檬酸和糖类,可助消化。番茄中含有果酸,能降低胆固醇的含量,对高脂血症有益。适宜于口渴、食欲不振、习惯性牙龈出血、贫血、头晕、心悸、高血压、急慢性肝炎、急慢性肾炎、夜盲症和近视眼者食用。

### 食用宜忌

一般人群皆可食用,但切记不宜生吃,尤其是脾胃虚寒及经期女性;不宜空腹吃;不宜吃未成熟的青色番茄;不宜长时高温加热。不宜与虾、螃蟹、黄瓜等同食;宜与土豆、菜花、卷心菜等同食。

### 推荐美食

西红柿炒鸡蛋、西红柿炖牛腩、番茄花菜、西红柿辣椒土豆片

定植后的番茄苗

生长中的番茄苗

盆栽番茄

番茄开花

番茄结果

盆栽结果成熟

番茄果实类似我国的茄子形状，又似我国的红柿子，由于是从国外传入的，因而被用汉语命名为"番茄"。

## 播种和育苗

全年均可播种育苗，选择抗病、抗逆性强、易坐果的品种。播种前用 55℃的温水浸种 30 分钟后，自然降至常温，再继续浸种 4~6 个小时，之后在 25℃~28℃的条件下催芽 2~3 天，催芽期间要注意每天用温水冲洗一次，把附在种子上的黏液冲掉，防止种子生霉腐烂。番茄种子露白芽时可播在直径为 5 厘米的营养钵里。基质原料采用草炭、蛭石、细沙、棉籽饼、炉渣、玉米秸粉等，任选其中 3 种按 1：1：1 的比例混合配制。每钵 2 粒种子，播后上覆细潮土厚 0.8 厘米，并覆盖 1 层薄膜，待出苗后撤除薄膜。二叶一心时定苗。也可采用畦播育苗，待苗长到二叶一心时分苗入钵。

## 定植

若盆栽当秧苗有 4~5 片叶时即可上盆，选择 28 厘米×30 厘米的花盆，每盆定植 4 棵，也可根据盆的大小确定定植株数。基质原料采用草炭、蛭石、细沙、菇渣、炉渣、玉米秸粉等，任选其中 3 种与大田土按 1：1：1：3 的比例混合配制，每盆可掺 100 克膨化鸡粪、5 粒三元复合肥，以保证基质能够提供足够的营养。若露地栽培，要先整地，一般每平方米施精制有机肥 2.3~3 千克，或腐熟圈肥 4.5~6 千克，深耕晒土、混匀，并浇足底水，然后做高垄或小高畦定植。定植后浇透水。

## 对环境条件的要求

**温度**：番茄是喜温蔬菜，在正常条件下，同化作用最适温度为 20℃~25℃，根系生长最适土温为 20℃~22℃。提高土温不仅能促进根系发育，同时土壤中硝态氮含量显著增加，生长发育加速，产量增高。

**光照**：番茄是短日照植物，在由营养生长转向生殖生长的过程中基本要求短日照，但要求并不严格，有些品种在短日照下可提前现蕾开花，多数品种则在 11~13 小时的日照下开花较早,植株生长健壮。

**水分:**番茄既需要较多的水分,又不必经常大量灌溉,一般以土壤湿度 60%~80%、空气湿度 45%~50%为宜。空气湿度大,不仅阻碍正常授粉,而且在高温高湿条件下易发生病害。

**土壤及营养:**番茄对土壤条件要求不太严格,但为获得丰产,应选用土层深厚、排水良好、富含有机质的肥沃壤土。土壤酸碱度以 pH 值 6~7 为宜,过酸或过碱的土壤应进行改良。番茄在生育过程中,需从土壤中吸收大量的营养物质,因此要保证有充足的肥料。

### 日常管理

**肥水管理:**随水追施有机肥。当坐住第一穗果时,结合浇水开始追施肥料,以后每坐住一层果追肥 1 ~ 2 次。在番茄生长过程中需从土壤里吸收大量的营养物质, 氮肥可促进茎叶生长,磷肥对番茄根系及果实发育作用显著,钾肥在果实迅速膨大期有重要作用。一旦钾肥供应不足,易引起叶片变黄,还会形成大量的筋腐果。钾肥可以用残茶水、草木灰等代替。

**整枝吊蔓:**定植后幼苗长出 1 ~ 2 片新叶时开始搭架吊蔓,进入初花期后开始整枝。采用单干整枝法,除主干外,所有侧枝全部摘除,并进行疏花疏果,多余和不正常的花果及时疏掉。如果选种的品种为无限生长类型,适合选留 5 ~ 6 穗果掐顶去头。及时打掉已收获后的果枝以下的老、残、土、病叶。收获完毕的果穗也要及时剪掉,以利通风、透光,减少病虫害发生。

### 采收

果实成熟后及时采摘食用,以防过熟裂果。

| 每 100 克番茄的营养成分 | |
| --- | --- |
| 蛋白质 | 0.9 克 |
| 脂肪 | 0.2 克 |
| 膳食纤维 | 1.9 克 |
| 碳水化合物 | 3.3 克 |
| 热量 | 19 千卡 |
| 维生素 A | 92 微克 |
| 维生素 $B_1$ | 0.03 毫克 |
| 维生素 $B_2$ | 0.03 毫克 |
| 维生素 C | 19 毫克 |
| 维生素 E | 0.57 毫克 |
| 胡萝卜素 | 0.5 毫克 |
| 叶酸 | 5.6 微克 |
| 钾 | 163 毫克 |
| 钠 | 5 毫克 |
| 钙 | 10 毫克 |
| 镁 | 9 毫克 |
| 磷 | 23 毫克 |
| 铁 | 0.4 毫克 |
| 铜 | 0.06 毫克 |
| 硒 | 0.15 微克 |

# 青椒

**科属:**茄科辣椒属

**别名:**大椒、灯笼椒、柿子椒、甜椒、
菜椒

**适合种植季节:**春季

**可食用部位:**果实

**生长期:**120 天以上

**采收期:**定植后 60 天左右

**常见病虫害:**青枯病、白粉病、蚜虫

**易种指数:**★ ★ ★ ★ ★

## 营养功效

青椒能增强人的体力,缓解因工作、生活压力造成的疲劳。其特有的味道和所含
的辣椒素有刺激唾液和胃液分泌的作用,能增进食欲、帮助消化、促进肠蠕动、防
止便秘。它还可以防治坏血病,对牙龈出血、贫血、血管脆弱有辅助治疗作用。

## 食用宜忌

一般人群皆可食用,眼疾、食管炎、胃肠炎、胃溃疡、痔疮患者少食或忌食。阴虚火
旺、高血压、肺结核、面瘫患者应慎食。青椒忌与黄瓜同食,宜与苦瓜、空心菜、鸡
蛋、肉类等同食。

## 推荐美食

土豆片炒青椒、青椒肉丝、虎皮青椒、烤青椒

青椒种子

青椒由原产于中南美洲热带地区的辣椒在
北美洲演化而来。我国于 100 多年前引入,现全
国各地普遍栽培。特点是果实较大,辣味较淡甚
至根本不辣,作蔬菜食用而不作为调味料。由于

青椒苗

青椒开花

可以采摘了

它翠绿鲜艳,新培育出来的品种还有红、黄、紫等多种颜色,因此不但能自成一菜,还被广泛用于配菜。

### 🌱 播种和育苗

播种:播种前用50℃~55℃的温水浸种20分钟,取出用清水浸种3~4小时,捞起用干净的湿布包好置于25℃~30℃的条件下继续催芽,催芽期间要注意每天用温水冲洗一次,把附着在种子上的黏液冲掉,防止种子发霉腐烂,待种子露白时播种。营养土要选用草炭、蛭石等无土基质,可避免一些土传病害,且出苗齐、成苗早。未经药剂处理的种子可用0.1%的高锰酸钾处理。青椒的发芽适温为25℃,出芽时间为4~7天。

## 每 100 克青椒的营养成分

| 蛋白质 | 1 克 |
|---|---|
| 脂肪 | 0.2 克 |
| 膳食纤维 | 1.4 克 |
| 碳水化合物 | 5.4 克 |
| 热量 | 22 千卡 |

| 维生素 A | 57 微克 |
|---|---|
| 维生素 B₁ | 0.03 毫克 |
| 维生素 B₂ | 0.03 毫克 |
| 维生素 C | 72 毫克 |
| 维生素 E | 0.59 毫克 |
| 胡萝卜素 | 0.3 毫克 |
| 烟酸 | 0.9 毫克 |
| 叶酸 | 0.26微克 |

| 钾 | 142 毫克 |
|---|---|
| 钠 | 33 毫克 |
| 钙 | 14 毫克 |
| 镁 | 12 毫克 |
| 磷 | 20 毫克 |
| 铁 | 0.8 毫克 |
| 铜 | 0.09 毫克 |
| 锌 | 0.19 毫克 |
| 硒 | 0.38 微克 |

**出芽后的管理：** 出芽后保持基质见干见湿，温度一般为 20℃~26℃，苗床育苗要在播种后 20 天，苗子长到一叶一心时分苗，在二叶一心时要补一些铁肥，以促花芽分化及秧苗生长。秧苗出圃标准是 5~6 片真叶、根系发达无病虫的壮苗。

### 🌱 定植

定植时间一般选晴天，选择根系发达、无病虫的壮苗，若盆栽一般选直径 40 厘米左右的花盆定植一棵，如果是长方形的栽培槽，按照株距 40 厘米酌情定植。若庭院种植，宜先整地、做垄，在垄上定植，苗距不宜太近，如果直播到田里，则长至二叶一心，可间苗留壮苗。

### ☀ 对环境条件的要求

**温度：** 适应温度范围 15℃~35℃，适宜的温度范围为 25℃~28℃，发芽温度 28℃~30℃。

**水分：** 喜湿润，怕旱涝，要求土壤湿润而不积水。

**光照：** 对光照要求不严，光照强度要求中等，每天光照 10~12 小时，有利于开花结果。

**营养：** 青椒的生长发育需要充足的营养条件，每生产 1 千克青椒，需氮 2 克、磷 1 克、钾 1.45 克，同时还需要适量的钙肥。

**土壤：** 以潮湿易渗水的沙壤土为好，土壤的酸碱度以中性为宜，微酸性也可以。

## 日常管理

**肥水管理**：定期定量浇水对植株的正常生长十分重要。浇水的次数和水量由作物的生长势和生长时期以及气候和环境决定。施肥情况则以作物的生长期而定，前期多施氮肥（从定植到开花），中后期即开花后，多施磷钾肥和微量元素，在结果的旺盛期还要采用叶面喷施钙肥、铁肥和镁肥来补充植株所需的营养。

**温湿度管理**：定植后缓苗阶段需要较高的温度以利缓苗。白天温度保持25℃~30℃，夜间18℃~21℃，最低土壤温度为15℃。缓苗后温度可降到白天20℃~25℃，夜间14℃~18℃。当温度超过35℃时，会导致落花落果。

**植株调整**：青椒一般属无限生长型，分枝能力强，在开花前要打掉40厘米以下所有的枝杈，然后采用"V"字形吊线的方法留果。每株留主枝2~3枝，其他侧枝在坐住1个果后留1~2片叶打顶。当植株长到8~10片真叶时自动产生3~5个分枝，当分枝长至2~3片叶时开始整枝，除去主茎上的所有侧芽和花芽。选择2~3个健壮的分枝呈"V"字形作为以后的主枝，采用绕线的方式向上引蔓。在结果中后期要及时整枝打杈，及早去除其他侧枝及摘去病、老叶。

## 采收

果实一般3~6天采收一次，采摘后的果实要避免被阳光照射，以免产生日灼。也可以等果实完全成熟后采摘红果食用。

有个肥大的肉质根

# 根甜菜

**科属:**藜科甜菜属

**别名:**紫菜头、红菜头

**适合种植季节:**春、秋季

**可食用部位:**根

**生长期:**90~110天

**采收期:**定植后30~40天

**常见病虫害:**蚜虫

**易种指数:**★★★

**营养功效**

根甜菜中含有碘,对预防甲状腺肿大及防治动脉粥样硬化有一定的疗效。根甜菜中的甜菜碱能加速人体对蛋白的吸收,从而可改善肝的功能。根甜菜中还含有一种皂角苷类物质,它能把肠内的胆固醇结合成不易吸收的混合物质排出。根甜菜还具有健胃消食、止咳化痰、顺气利尿、消热解毒等作用。

**食用宜忌**

一般人群皆可食用。宜与牛肉同炒。

**推荐美食**

鸡蛋糖萝卜、沙朗牛排、糖醋红菜头

　　根甜菜以肥大的肉质根供食用。根甜菜起源于地中海沿岸,公元前4世纪古罗马人已食用叶用甜菜,其后又在食谱中增加了根甜菜。大约在明朝传入我国。根甜菜是欧美国家的重要蔬菜。

　　根甜菜的肉质根有球形、扁圆形、卵圆形、纺锤形、圆锥形等多种形状,以扁圆形的品质为最好。其肉质根富含糖分和矿物质,肉质脆嫩,略带甜味,而且还有鲜艳的颜色,是色味俱佳的蔬菜。根甜菜食用方便,可生食、熟食,也可加工成罐头，是西餐中重要的配菜。

根甜菜苗

## 种植前准备

根甜菜的肉质根不同品种之间差距较大，因此若盆栽在容器选择上应参考品种说明，一般直径 35~40 厘米的容器比较适合。栽培土壤宜选择壤土或沙土壤。若土壤较黏，可向其中添加 1/2 体积的草炭和相同体积的中粒蛭石，将三者混匀装盆使用；若使用商品基质混配成栽培土，宜采用 3 体积草炭和 1 体积细粒蛭石混配。

## 播种

根甜菜适应性很强，既耐寒又耐热，因而播种期不严格，一般可在春秋两季播种。阳台种植，春季可在 2 月中下旬播种，秋季播种一般在 7~8 月。播种时，可先浸种 2 小时后再播种，在容器中间直播 4~5 粒种子，播后上覆 1 厘米的土。出苗后选强去弱留下 1 株壮苗。

## 对环境条件的要求

温度：块根生育期的适宜平均温度为 19℃以上。当土壤 5~10 厘米深处温度达到 15℃以上时，块根增长最快，4℃以下时近乎停止增长。昼夜温差与块根增大和糖分积累有直接关系，昼温 15℃~20℃夜温 5℃~7℃时，有利于提高光合效率和降低夜间呼吸强度，增加糖分积累。

水分：适宜块根生长的最大土壤持水量为 70%~

### 每 100 克根甜菜的营养成分

| | |
|---|---|
| 蛋白质 | 1 克 |
| 脂肪 | 0.1 克 |
| 膳食纤维 | 5.9 克 |
| 碳水化合物 | 23.5 克 |
| 热量 | 75 千卡 |

| | |
|---|---|
| 维生素 $B_1$ | 0.05 毫克 |
| 维生素 $B_2$ | 0.04 毫克 |
| 维生素 C | 8 毫克 |
| 维生素 E | 1.85 毫克 |

| | |
|---|---|
| 钾 | 254 毫克 |
| 钠 | 20.8 毫克 |
| 钙 | 56 毫克 |
| 镁 | 38 毫克 |
| 磷 | 18 毫克 |
| 铁 | 0.9 毫克 |
| 铜 | 0.15 毫克 |
| 锌 | 0.31 毫克 |
| 硒 | 0.29 微克 |

80%。持水量超过 85%时块根生长受到抑制,90%以上时块根开始窒息,最终导致死亡。糖分积累期持水量低于 60%时块根生长缓慢,根体小而木质化程度高,品质较差。块根生长前期需水不多,生育中期需有足够水分,生育后期需水量减少。

**光照:**适宜的日照时数为 10~14 小时。

### 日常管理

**肥水管理:**肉质根膨大期需要较多的水分供应,应保持湿润的土壤条件。生育前期需要较多的氮,适宜多施豆渣腐熟肥,中后期需要较多的钾,对磷的需要较均匀,此时适宜施用麻酱肥和草木灰,随水施入。

**中耕除草:**生长初期应多用小耙或小铲进行中耕除草,同时及时向根际进行培土,防止植物倒伏。

### 采收

根甜菜的采收期不是很严格,一般在定植后 30~40 天、肉质根直径 3.5 厘米以上时,即可开始采收。可采用拔大留小的方法,延长供应期。秋季栽培根甜菜在生长后期,外界气候渐凉爽,很适于肉质根膨大,适当晚收,有利于产量提高。一般于霜降后、土壤结冻前采收。

# 茄子

**科属**：茄科茄属

**别名**：落苏、酪酥、昆仑瓜

**适合种植季节**：春季

**可食用部位**：果实

**生长期**：100~150 天

**采收期**：开花后 25 天

**常见病虫害**：猝倒病、白粉病、
疫病、褐纹病

**易种指数**：★ ★ ★ ★ ★

### 营养功效

茄子含有维生素P，它能使血管壁保持弹性和生理功能，防止硬化和破裂，所以经常吃些茄子，有助于防治高血压、冠心病、动脉硬化和出血性紫癜。茄子含有龙葵碱，能抑制消化系统肿瘤的增殖，对于防治胃癌有一定效果。茄子含有维生素E，有防止出血和抗衰老功能。

### 食用宜忌

一般人群皆可食用。对于容易长痱子、生疮疖的人尤为适宜，但脾胃虚寒、哮喘者不宜多吃。手术前不宜吃茄子，因其可导致麻醉剂可能无法被正常地分解，会拖延患者苏醒时间。吃茄子建议不要去皮，但忌生吃。宜与苦瓜、猪肉同食，不宜与螃蟹同食。

### 推荐美食

红烧茄子、鱼香茄子、地三鲜、蒜茄子、肉末茄子

茄子种子是扁形，有一处缺口

茄子原产于印度，公元 4~5 世纪传入我国。茄子是为数不多的紫色蔬菜之一，营养丰富。根据果实和植株形态可分为长茄、团茄和矮茄三类。若按果实颜色可分为紫色茄、绿色茄和白色茄。茄子主茎上的果实称"门茄"，一级侧枝的果实称为"对

茄",二级侧枝的果实称为"四门斗",三级侧枝的果实称为"八面风",以后侧枝的果实称为"满天星"。

## 种子处理

**消毒:**把种子放在50℃~55℃的热水中浸泡10~15分钟,种子在热水中处理完后,放入冷水中散去余热,捞出备用。

**浸种:**将消过毒的种子放在25℃的温水中浸泡8~12小时,浸种的水量为种子的5~6倍。浸种结束后需把种子清洗干净,摊开放在干净的湿棉布上晾1~2小时即可进行催芽。

**催芽:**经过消毒、浸泡的种子,用多层湿纱布或湿毛巾包裹摊开放在盆中,盆口盖严,保温遮光,纱布或毛巾内部温度保持在25℃~28℃,有75%的种子露白时即可播种。

## 种植前准备

栽培容器选择空间较大的。家庭栽植可以选择外形美观兼具艺术价值的陶盆,也可以使用价格低廉的瓦盆或塑料盆。容器深度在15厘米以上、直径在20厘米以上为好。广泛使用的固体基质材料很多,主要有菜园土、蛭石、珍珠岩、草炭、炉渣、锯末等。菜园土应疏松通气,保水保肥,未栽种过茄科作物。可先育苗后移栽。育苗可选用小花盆,栽培容器宜用长方形的栽培槽或大盆。也可直接播种。若庭院种植,要保证土壤的足够湿度,然后在整理好的土壤中浸种直播或干籽直播。

## 播种和育苗

播种前要浇足底水,如种子已经出芽,用镊子将种子放在浇过水的育苗土壤上,注意不能伤到芽,然后种子上覆盖一层细土或基质,若使用细土覆盖则覆盖厚度0.4厘米左右即可,若使用基质覆盖,则厚度以0.8厘米为宜。播种后5~6天后出苗。

直播的话,用小铲挖坑1厘米深,浇透水后,取3~5粒饱满健壮的种子进行

播种。覆土 0.5 厘米,用透明的塑料薄膜覆盖,保持土温 20℃~
25℃，促进出苗。如用育苗盘进行点播，则每 1~2 厘米播 1
粒,待幼苗长至 2~3 片叶时,进行分苗移栽。

### ☀ 对环境条件的要求

**土壤:**茄子对土壤的适应性广,喜肥沃、pH 值为 5.5 ~ 7.5
的沙质或黏质土壤。

**光照:**茄子属喜光作物,对光照要求严格,日照时间长,光
照度强,植株生育旺盛。

**温度:**茄子喜高温,种子发芽适温 25℃~30℃,生长适温
20℃~30℃,15℃以下生长缓慢,并引起落花,10℃以下停止生
长,0℃以下受冻死亡。

### 🪣 日常管理

**肥水管理:**定植后浇一次缓苗水,1~2 天内中午要适当
遮阳,至接第一个茄子(门茄)开花期前要控制浇水,直至门
茄长到 3~4 厘米再浇水施肥。此后 10~15 天随水施一次肥,
结果期加大肥水量。苗期施肥要求全面,氮、磷、钾比例合适,
以轻施薄施为主。间苗后,每 7~10 天浇一次水,并追施复合
肥,共追 2~3 次。用 0.2%磷酸二氢钾进行一次叶面喷肥。8~9
片叶时,再用尿素进行一次叶面喷肥。现蕾期应勤施薄施,
6~7 天施肥一次。门茄膨大后,重施肥料,以速效氮肥为主,
每株 1~2 克,施用一次。土壤湿度适中,生长后期见干见湿。
但注意追肥后应加大通风量。

**中耕除草:**茄子植株定植后,适时中耕保墒。以后连续中
耕 2~3 次。生长季应随时防除杂草。

**整枝打杈:**及时整枝打杈,摘除黄、老、病叶,改善通风

## 每 100 克茄子的营养成分

| | |
|---|---|
| 蛋白质 | 1.1 克 |
| 脂肪 | 0.2 克 |
| 膳食纤维 | 1.3 克 |
| 碳水化合物 | 4.9 克 |
| 热量 | 23 千卡 |
| | |
| 维生素 A | 8 微克 |
| 维生素 $B_1$ | 0.02 毫克 |
| 维生素 $B_2$ | 0.04 毫克 |
| 维生素 C | 5 毫克 |
| 维生素 E | 1.13 毫克 |
| 胡萝卜素 | 50 微克 |
| 烟酸 | 0.6 毫克 |
| | |
| 钾 | 142 毫克 |
| 钠 | 5.4 毫克 |
| 钙 | 24 毫克 |
| 镁 | 13 毫克 |
| 磷 | 23 毫克 |
| 铁 | 0.5 毫克 |
| 铜 | 0.1 毫克 |
| 锌 | 0.23 毫克 |
| 硒 | 0.48 微克 |

定植后的茄子苗

茄子花

圆茄子

白茄子

绿茄子

透光条件。待门茄采收后,将萌芽的侧枝和下部老叶摘除,待对茄形成后,剪去上部两个向外的侧枝,形成双干枝。结果期每摘茄一次进行摘叶一次,以增强光照,促进果实发育和着色。

病虫害药剂控制:当茄子病虫害发生程度较为严重时,可购买生物农药进行控制。可选用 1000 倍液特灭蚜虫防治蚜虫、白粉虱;可用 70% 敌克松可湿性粉剂 500 倍液防治茄子黄萎病。应用药剂控制病虫害,可每 7~10 天进行一次,连续喷施 2~3 次。采收前 7 天,应停止喷药。

### 采收

一般花后 25 天左右,茄子萼片与果实相接处白色或淡绿色环状带即将消失,茄子皮上出现一层紫色光泽时就可采收,此时果实充分膨大。还可根据不同食材的需求,比如果实或嫩或老或适中,均可自主选择茄子的采摘时间。

# 黄瓜

**科属:**葫芦科黄瓜属

**别名:**胡瓜、刺瓜、王瓜

**适合种植季节:**春、秋季

**可食用部位:**果实

**生长期:**100~120 天

**采收期:**开花后 10 天

**常见病虫害:**白粉病、霜霉病、蚜
虫、白粉虱

**易种指数:**★★★★☆

**营养功效**

黄瓜中的葫芦素具有提高人体免疫功能的作用,可抗肿瘤。黄瓜还可以延年益寿、抗衰老。黄瓜中的葡萄糖苷、果糖等可以降血糖。此外,黄瓜中的丙醇二酸可减肥,维生素B$_1$可健脑安神。

**食用宜忌**

一般人群皆可食用,尤其适宜肥胖、高血压、高血脂、嗜酒者,但脾胃虚弱、腹痛腹泻、肺寒咳嗽者应少吃。不宜生食不洁黄瓜,不宜弃汁制馅食用,不宜多食偏食,不宜加碱或高热煮后食用。不宜与辣椒、菠菜、番茄、菜花、小白菜等同食。

**推荐美食**

拍黄瓜、蓑衣黄瓜、黄瓜炒鸡蛋、酱爆黄瓜肉丁

黄瓜是由西汉时期张骞出使西域带回中原的,故又称为胡瓜,十六国时后赵皇帝石勒忌讳"胡"字,汉臣襄国郡守樊坦将其改为"黄瓜"。

## 每100克黄瓜的营养成分

| | |
|---|---|
| 蛋白质 | 0.8 克 |
| 脂肪 | 0.2 克 |
| 膳食纤维 | 0.5 克 |
| 碳水化合物 | 2.9 克 |
| 热量 | 15 千卡 |

| | |
|---|---|
| 维生素A | 15 微克 |
| 维生素B$_1$ | 0.02 毫克 |
| 维生素B$_2$ | 0.03 毫克 |
| 维生素C | 9 毫克 |
| 维生素E | 0.49 毫克 |
| 胡萝卜素 | 90 微克 |
| 烟酸 | 0.2 毫克 |

| | |
|---|---|
| 钾 | 102 毫克 |
| 钠 | 4.9 毫克 |
| 钙 | 24 毫克 |
| 镁 | 15 毫克 |
| 磷 | 24 毫克 |
| 铁 | 0.5 毫克 |
| 铜 | 0.05 毫克 |
| 锌 | 0.18 毫克 |
| 硒 | 0.38 微克 |

### 种子处理

用 55℃温水浸种 10~15 分钟，不断搅拌至水温 30℃~35℃，再浸泡 4~5 小时。淘洗、沥干后晾一下，用湿布包好处理后的种子，在 25℃~28℃条件下催芽。每天淋水翻动 1~2 次，露芽后即可播种于育苗钵中。若在 5~8 月期间播种，可干籽直播，但要保证育苗土壤湿度较大。

### 种植前准备

黄瓜若在 3~4 月播种，此时温度较低，为了便于管理，宜采用先育苗后移栽种植的方式。这时播种需要准备两个容器，集中育苗的容器大小没有限制。育苗土壤可以用以前种过花或种过菜的土壤，但必须经过阳光消毒，以减少土壤中的病菌，并且要整细。若在 5~9 月播种，此时温度适宜，加之黄瓜属浅根性植物，因此适宜直接播种。

### 播种

播种密度为每 25 平方厘米 1 粒种子，若种子已经出芽，用镊子将种子按密度平放在浇过水的育苗基质或育苗土壤上，注意不能伤到芽，然后种子上覆盖一层细土(0.4 厘米左右)或基质(0.8 厘米)。若是干籽直播，可用上面的播种方法，也可用镊子将种子按密度插入土壤中，然后用手将孔洞捏实即可。直接播到栽培土壤中的，先挖个直径 3 厘米、深 2 厘米的小坑，将 2 粒种子平放在内，然后用细土填满小坑，浇透水。播种后约 3 天出苗。

### 定植

待幼苗在育苗盆中长到 3~4 片真叶时，用小铲在苗冠外围垂直向下挖 10 厘米深轻轻将苗小心取出,注意别伤根,将壮苗移栽于准备好的栽培花盆或是庭院中,用土壤将苗坨封严,定植深度以苗坨高于栽培土面 0.2 厘米为宜,然后浇透水。

## ☀ 对环境条件的要求

**土壤:**黄瓜喜肥,要求有充足的肥料供应、有机质丰富的肥沃土壤。

**光照:**黄瓜喜光。光照充足有利于提高产量,但耐弱光能力也较强。苗期给予 8~11 小时的短日照有利于促进雌花分化。

**温度:**黄瓜属喜温植物,不耐寒,不耐高温。其生长适温为白天 25℃~32℃,夜间 14℃~16℃,10℃左右的昼夜温差有利于生长。

**水分:**一般土壤绝对含水量 20%左右、空气湿度 70%~80%最适宜生长。在苗期要注意控制水分供给,防止温差过大而徒长或冻伤根系。空气湿度不宜过高,否则容易发生病害。

## 🔔 日常管理

**中耕、浇水:**苗期要保持土壤湿度均衡,浇水不可直接浇植株茎秆处,而应浇根际周围。至第 1 次采瓜前基本要控水,以防徒长,促使其结瓜。当根瓜长至 5 厘米左右时开始浇水,以后每收获一次视天气和墒情要 5 天一水。黄瓜定植缓苗后应进行浅中耕,以促进幼苗发根。结瓜前还要中耕多次,重点在于除草。

**施肥:**黄瓜需肥量较大,结果前期每周可施用一次肥料,家庭自制的肥料均可,进入结果期,每 5 天施一次肥,这时肥料以麻酱饼肥、豆渣、草木灰等肥料为主,促进植株生殖生长及提高坐果率。注意不能在太近基部施肥,否则引起烧根,施后淋水。

**植株调整:**当黄瓜植株长至 5 片真叶时,抓紧进行整枝管理,并进行吊绳引蔓,同时摘除根瓜以下的全部侧枝,以利于营养生长与生殖生长共促。一般第 5 叶以上开始留第一个瓜。当植株高达 1.5 米左右时,可根据情况留健壮侧蔓 1 或 2 个。整枝同时应摘除卷须,清除其下部老、黄、病、残叶,以减少养分消掉,利于通风透光，减少病虫害的发生。还应进行落蔓管理。

披着种衣剂的黄瓜种子

病虫害药剂控制：当黄瓜病虫害发生程度较为严重时，可购买生物农药进行控制。可选用 1000 倍液特灭蚜虱防治蚜虫、白粉虱；可用 600~900 倍液世高防治白粉病；选择 75% 百菌清 800 倍液、50% 多菌灵 500 倍液交替使用，可防治黄瓜灰霉病。应用药剂控制病虫害，可每 5~7 天进行一次，连续喷施 2~3 次。采收前 7 天，应停止喷药。

### 采收

黄瓜因品种差异，开花 10 天左右即可采收。为保证新鲜、脆嫩、色美，掌握在瓜长 30 厘米为宜。采收时用剪刀留 0.5 厘米瓜蒂。

刚露头的黄瓜苗，称为黄瓜子叶

黄瓜苗期

黄瓜雌花，只有这样的花才能结出黄瓜

黄瓜此时已成熟，可以采收了

增食欲促消化

# 樱桃萝卜

**科属**：十字花科萝卜属

**别名**：西洋萝卜、四季萝卜

**适合种植季节**：春、秋季

**可食用部位**：肉质根

**生长期**：30~40 天

**采收期**：播种后 30 天

**常见病虫害**：病毒病、蚜虫、红蜘蛛

**易种指数**：★ ★ ★

---

**营养功效**

樱桃萝卜有通气宽胸、健胃消食、止咳化痰、除燥生津、解毒散淤、止泄、利尿等功效，属于药用保健蔬菜。种子中所含的芥子油具有特殊的辛辣味，对大肠杆菌等有抑制作用。有促进肠胃蠕动、增进食欲、帮助消化的作用。汁液可防止胆结石形成。

**食用宜忌**

一般人群皆可食用，但不宜与人参同吃，影响营养的吸收。错开与水果食用的时间。

**推荐美食**

凉拌樱桃萝卜、糖醋樱桃萝卜

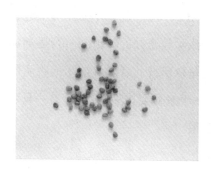

樱桃萝卜的种子类似于萝卜种子，种子的发芽力可保持 5 年，但生长势会因长时间的保存而有所下降，所以购买种子最好是近 1~2 年内生产的种子

樱桃萝卜是萝卜的小型品种,原产于欧洲,是欧美等一些国家经品种改良后选出的一些微型的优良品种。樱桃萝卜形状有圆球形、椭圆形、扁圆形、纺锤形等,但多以圆球形和扁圆形为主。表皮有正玫瑰红、半玫瑰红(直根 1/5~1/2 为白色)、淡红色或白色。

樱桃萝卜由于适应性强、易管理,因此非常适合家庭种植,尤其是盆栽,栽培容器也易于选择,各种花盆、塑料箱、栽培槽,大小容积不限,深度以 20~25 厘米为宜。

## 种植前准备

选择排水性好的沙质土壤或土壤较细的壤土。若土壤较黏,可向其中添加 1/2 体积的草炭和相同体积的中粒蛭石,将三者混匀装盆使用;若使用商品基质混配成栽培土,宜采用 2 体积草炭和 1 体积细粒蛭石混配。由于樱桃萝卜怕水浸,所以一定注意容器的排水性,确保底部有排水孔。

## 播种

樱桃萝卜除夏季高温不宜播种外,其他时间均可播种。樱桃萝卜适合干籽直播,播种前将土壤浇透水,待水渗下后播种,可以条播也可撒播,若实行条播可用小棍划出几条间距 10 厘米的浅沟然后沿沟播种,沟不宜过深约 0.2 厘米即可。条播可以节省种子的用量。播种后覆盖 0.5 厘米厚的土壤。

## 间苗

樱桃萝卜在幼苗生长期间,一般实行 2~3 次间苗,当子叶展开时就应进行第 1 次间苗,留下子叶正常、生长健壮的苗,拔除较密处的幼苗、弱苗,逐渐加大幼苗之间的距离,最后保证在肉质根膨大前每株苗彼此有 5~6 厘米的距离即可定苗,此时幼苗应具有 3~4 片真叶。间苗时一手拿住要拔除的幼苗,另一只手要按住该幼苗周围土壤,防止伤到其他幼苗的根。

## ☀ 对环境条件的要求

**温度**：樱桃萝卜种子发芽适温 15℃~25℃，植株生长温度范围为 5℃~25℃，最适温度 20℃左右，25℃以上时有机物质的积累减少，呼吸消耗增加，在高温下生长不良。

**光照**：对光照要求不严格，属中等光照的蔬菜，也较耐半阴的环境，但在叶片生长期和肉质根生长期，充足的光照有利于光合作用进行，产量、质量均较好，生长期较短。

**水分**：樱桃萝卜生长过程要求均匀的水分供应。在发芽期和幼苗期需水不多，只需保证种子发芽对水分的要求和保证土壤湿度即可，应小水勤浇。生长盛期，叶片大、蒸腾作用旺盛，不耐干旱，要求土壤湿度为最大持水量的 60%~80%。如果水分不足，肉质根内含水量少，易糠心，维生素 C 含量降低。长期干旱，肉质根生长缓慢，须根增加，品质粗糙，味辣。土壤水分过多，通气不良，肉质根表皮粗糙。

## 🪣 日常管理

**浇水**：樱桃萝卜生长十分迅速，需要水分较多，播种后要经常浇水，以促进快速生长。浇水宜轻，以免冲歪直根，尤其直根露出土面的品种。播种后 10~15 天，直根破肚而迅速膨大，特别要多浇水。采收前 2~3 天，适当控制水分，尤其长形品种，水分过多，直根易开裂。土壤水分过于干燥，则直根粗硬，辣味浓。

**施肥**：樱桃萝卜生长快速，除施足基肥外，还需酌情追施速效肥 2~3 次。第 1 次在 3 片叶，家庭发酵好的肥水均可施入。至 4~5 片叶时，直根迅速膨大，应重点施用麻酱肥和草木灰，要充分溶解后施入。

## 🧺 采收

樱桃萝卜从播种到收获一般要 30 天左右，但不同的栽培季节和栽培方式收获的具体时间亦不同。要做到适时收获。采收时间不宜过迟，过迟纤维量增多，易产生裂根、空心。

盆栽樱桃萝卜小苗,同萝卜苗类似,不过根茎部是粉红色的

樱桃萝卜生长中要适时间苗,保证空间生长

樱桃萝卜此时若肉质根直径达 2 厘米即可进行采收了

## 每 100 克樱桃萝卜的营养成分

| 主要营养素 | | 主要维生素 | | 矿物质 | |
|---|---|---|---|---|---|
| 蛋白质 | 0.9 克 | 维生素 A | 3 微克 | 钾 | 202 毫克 |
| 脂肪 | 0.1 克 | 维生素 $B_1$ | 0.01 毫克 | 钠 | 82.6 毫克 |
| 膳食纤维 | 2 克 | 维生素 $B_2$ | 0.03 毫克 | 钙 | 18 毫克 |
| 碳水化合物 | 3 克 | 维生素 C | 14 毫克 | 镁 | 15 毫克 |
| 热量 | 9 千卡 | 胡萝卜素 | 18 微克 | 磷 | 23 毫克 |
| | | | | 铁 | 0.4 毫克 |
| | | | | 铜 | 0.01 毫克 |
| | | | | 锌 | 0.18 毫克 |
| | | | | 硒 | 0.28 微克 |

# 胡萝卜

**科属**：伞形科胡萝卜属

**别名**：甘笋、红萝卜、黄萝卜等

**适合种植季节**：夏、秋季

**可食用部位**：肉质根

**生长期**：100~120 天

**采收期**：播种后 100 天

**常见病虫害**：软腐病、蚜虫

**易种指数**：★ ★ ★ ★

## 营养功效

胡萝卜有健脾和胃、补肝明目、清热解毒、壮阳补肾、降气止咳等功效，可用于肠胃不适、便秘、夜盲症（维生素A的作用）、麻疹、百日咳、小儿营养不良等症状。胡萝卜富含维生素，并有轻微而持续发汗的作用，可刺激皮肤的新陈代谢，增进血液循环，从而使皮肤细嫩光滑。

## 食用宜忌

一般人群皆可食用，特别适合皮肤干燥、粗糙或患毛周角化病、黑头粉刺、角化型湿疹者食用。切碎后水洗或久浸泡于水中的胡萝卜适宜食用，不宜加醋，宜生吃，孕妇不宜食用。另外，胡萝卜宜与山药、结球甘蓝等同食，不宜与白萝卜、番茄等同食。

## 推荐美食

胡萝卜炒肉丝、胡萝卜鸡蛋饼、胡萝卜炖牛肉、胡萝卜馅包子

胡萝卜原产于亚洲西南部，阿富汗为最早演化中心，栽培历史在 2000 年以上。胡萝卜形状有长筒、短筒、长圆锥及短圆锥等，颜色有黄、橙、橙红、紫等。胡萝卜是一种质脆味美、营养丰富的家常蔬菜，素有"小人参"之称。由于食用根部，所以适宜在较深的盆中种植或是庭院种植。

### 种子处理

播前搓去种子上的刺毛。播前 7 天左右将搓去刺毛的种子用 40℃ 水泡 2 小时，而后淋去水，放在低温阴凉的地方或冰箱里，待冒出芽尖后，再播种。胡萝卜种子发芽率一般只有 70% 左右，隔年的陈种发芽率能降低到 65% 以下，因此选用质量高的新种子、搓去刺毛、创造良好的发芽条件，是保证全苗、获得丰产的重要措施。

### 播种

选用深 30 厘米以上的种植箱或大花盆、砖式栽培槽等。播种前将土壤浇透水，待水渗下后播种，一般采用点播，每穴 1~2 粒种子。播种后均匀覆盖细土 1.5 厘米左右，然后塑料膜或遮阳网等覆盖，以防强日光直晒或暴雨拍打，保持土壤湿润。

### 对环境条件的要求

**土壤**：适宜种于土层深厚、土质疏松、排水良好、孔隙度高的沙壤土或壤土上，如土壤坚硬、通气性差、酸性强，易使肉质根皮孔突起、外皮粗糙、品质差、产量低。

**光照**：胡萝卜为长日照植物，充足的光照可促进肉质根膨大，提高产量。

**温度**：胡萝卜为半耐寒性蔬菜，发芽适宜温度为 20℃~25℃，生长适宜温度为昼温 18℃~23℃，夜温 13℃~18℃，温度过高、过低均对生长不利。

### 日常管理

**间苗、除草**：播种后幼苗出土，要结合间苗进行除草，在 5~6 片真叶进行间苗，每穴留一棵大苗、壮苗。

**浇水、施肥**：由于胡萝卜种子发芽出土比较困难，播后如果天气干旱或土壤干燥，必须适当浇水，并保持土壤经常湿润。叶生长盛期的后期，要适当控水蹲苗，以防止地上部徒长，肉质根生长盛期要注意浇水。胡萝卜以基肥为主，在生长过程中,还需适当追肥 2~3 次。第 1 次肉质根膨大期,每平方米施尿素 10 克或者麻酱饼肥 5~10 克;第 2 次在第 1 次后 20~25 天进行。

**防止裂根和叉根:**胡萝卜栽培中易出现裂根、叉根。裂根即肉质根表皮开裂;叉根即肉质根分成两叉或多叉,或者弯曲,严重时像鸡爪子。

❖**防裂根:**忌浇水不均匀,地面忽干忽湿。在肉质根膨大期保证充足的水肥供应,均匀浇水。

❖**防叉根:**选择没有线虫的地块;施用有机肥必须腐熟、细碎,并均匀施肥;依据胡萝卜需肥特点施肥,忌施肥量大而集中,造成主根灼伤;播种前深翻细耙,打碎明暗土块,拣出砖瓦碎片或薄膜碎块。

## 采收

胡萝卜要趁嫩采收。肉质根达到采收成熟期时,一般表现为心叶呈黄绿色,外观稍有枯黄,直根肥大的地面会出现裂纹,有的根头稍露出地面。

### 每 100 克胡萝卜的营养成分

**主要营养素**

| 蛋白质 | 1 克 |
|---|---|
| 脂肪 | 0.2 克 |
| 膳食纤维 | 3.2 克 |
| 碳水化合物 | 8.1 克 |
| 热量 | 25 千卡 |

**主要维生素**

| 维生素 A | 685 微克 |
|---|---|
| 维生素 B$_2$ | 0.02 毫克 |
| 维生素 C | 9 毫克 |
| 维生素 E | 0.31 毫克 |
| 胡萝卜素 | 4.1 毫克 |

**矿物质**

| 钾 | 119 毫克 |
|---|---|
| 钠 | 120.7 毫克 |
| 钙 | 27 毫克 |
| 镁 | 18 毫克 |
| 磷 | 38 毫克 |
| 铁 | 0.3 毫克 |
| 铜 | 0.07 毫克 |
| 锌 | 0.22 毫克 |
| 硒 | 0.6 微克 |

胡萝卜种子

几盆盆栽胡萝卜苗摆放在一起

胡萝卜小苗

胡萝卜生长中的地上部分

# 尖椒

**科属**:茄科辣椒属

**别名**:羊角椒、辣椒

**适合种植季节**:春、秋季

**可食用部位**:果实

**生长期**:120~180 天

**采收期**:开花后 20 ~ 30 天

**常见病虫害**:蚜虫、疫病

**易种指数**:★ ★ ★ ★ ★

## 营养功效

尖椒具有促进消化液的分泌、增强肠胃蠕动、增进食欲的功效,有利于食物的消化与吸收,而且能促进人体细胞间质中胶原的形成。对预防感冒、动脉硬化、夜盲症和坏血病具有显著的食疗效果。尖椒里的辣椒素能促进脂肪的新陈代谢,可以降脂减肥。

## 食用宜忌

一般人群皆可食用,尖椒具有较强的刺激性,故不宜多食。另外,患有眼疾、食管炎、胃溃疡、痔疮等的人应少吃或不吃。高血压、肺结核患者也应慎食。尖椒宜与鸡蛋、猪肉等同食,不宜与黄瓜同食。

## 推荐美食

尖椒炒肉片、尖椒炒香干、虎皮尖椒、尖椒干豆腐

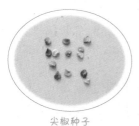

尖椒种子

尖椒原产于中南美洲热带地区。果实为浆果,果形有锥形、羊角形、棱柱形等。果实未达生理成熟时为绿、浅绿,成熟时为大红色。

### 种子处理

采用温汤浸种。浸种后捞起后用干净的湿布包好置于 25℃~30℃ 的条件下继续催芽,每天用清水淘洗 1~2 次,待种子露白时播种。

### 种植前准备

先用一个盆集中育苗,育苗基质可用经细筛筛过的普通园田土加入少量有机肥,定植适宜用直径 45~60 厘米、深度 40 厘米以上的大盆栽或箱式栽培,庭院栽培可以直接定植到土壤中。

### 播种

采用穴播,用镊子将种子播到浇透水的育苗土壤中,播深 1.5~2.0 厘米,覆土厚度 1.0~1.5 厘米,每穴点种 2 粒,出苗期温度为 25℃~30℃,若播种时气温稍低,可在育苗容器外覆盖一层塑料薄膜,即用家里废旧塑料袋倒着套在容器外,这样既可提高温度又可保温。一般 5~7 天出苗。

### 定植

当幼苗长到具有 5~6 片真叶时,用小铲在苗冠外围垂直向下挖 10 厘米深轻轻将苗子小心取出,定植于准备好的栽培花盆或庭院指定位置中,用土壤将苗坨封严,定植深度与苗坨齐平为宜,然后浇透水。

### 对环境条件的要求

**土壤**:对土壤的适应性较大,但以保水能力好的壤土和腐殖土最适宜。

**光照**:对光照要求不严,无论日照长短都能开花结实。但日照越长着花越多,果实肥大得也越快。

**温度**:尖椒性喜高温多湿的条件。种子发芽最适的温度是 25℃~30℃,低于 15℃ 不能发芽。生长期间适温白天 25℃~30℃、夜间 18℃~20℃,低于 10℃

或高于 35℃以上不开花或落花。

### 日常管理

**浇水：**定植后浇足缓苗水，苗其后要蹲苗，直到开花，在结门椒时浇足水，进入开花坐椒盛期后，要经常保持土壤湿润，开花后要控水，以防落花，提高结果率。及时用园艺小锄或小耙中耕除草，疏松土壤，以利根系生长。果实红熟后，也要控浇，促进果实红熟。

**施肥：**定植后，可每隔 10~15 天施用稀释的麻酱饼肥一次，花期是需水肥高峰期，追肥可在初花、盛花期施入，追施 1~2 次家庭自制肥料，加大磷、钾肥的施用量，也可用市场上购买的商品有机肥或微生物肥。

**植株调整：**盆栽需搭架，多采用双干整枝，一般 1 周进行一次抹杈，即把多余的侧枝全部去掉。及时摘除下部部分叶片，以利通风透光。

### 采收

果实依成熟度不同分青熟期及红熟期。青熟期果已充分长大，果实绿色，果肉肥厚，具光泽，味脆，最适于菜用，为花后 20~30 天。红熟期果肉已充分长足，果肩转为红色，为花后 40 天左右。

#### 每 100 克尖椒的营养成分

| 成分 | 含量 |
| --- | --- |
| 蛋白质 | 1.4 克 |
| 脂肪 | 0.3 克 |
| 膳食纤维 | 2.1 克 |
| 碳水化合物 | 5.8 克 |
| 热量 | 23 千卡 |

| 成分 | 含量 |
| --- | --- |
| 维生素 A | 57 微克 |
| 维生素 $B_1$ | 0.03 毫克 |
| 维生素 $B_2$ | 0.04 毫克 |
| 维生素 C | 62 毫克 |
| 维生素 E | 0.88 毫克 |
| 胡萝卜素 | 0.3 微克 |
| 烟酸 | 0.5 毫克 |

| 成分 | 含量 |
| --- | --- |
| 钾 | 209 毫克 |
| 钠 | 2 毫克 |
| 钙 | 15 毫克 |
| 镁 | 15 毫克 |
| 磷 | 33 毫克 |
| 铁 | 0.7 毫克 |
| 铜 | 0.1 微克 |
| 硒 | 0.6 微克 |

定植后的盆栽尖椒苗

日渐长大的尖椒苗

尖椒开花,注意浇水施肥,保证不落花

刚结果的尖椒

尖椒绿果基本形成,此时也可以进行采收食用了

有部分尖椒果实成熟,变成红色果,一般都很辣

# 萝卜

**科属:** 十字花科萝卜属

**别名:** 莱菔、菜头

**适合种植季节:** 夏、秋季

**可食用部位:** 根

**生长期:** 50~70 天

**采收期:** 播种后 60 天

**常见病虫害:** 软腐病、黑腐病、菜蛾、蚜虫

**易种指数:** ★ ★ ★ ★ ★

**营养功效**

萝卜含丰富的维生素C和微量元素锌,有助于增强机体的免疫功能,提高抗病能力。萝卜中的芥子油能促进胃肠蠕动,增加食欲,帮助消化。萝卜含有木质素,能提高巨噬细胞的活力,吞噬癌细胞。吃萝卜还可以降血脂、软化血管等,可预防动脉粥样硬化等疾病。

**食用宜忌**

一般人群皆可食用,但也不宜多食。阴盛偏寒体质、脾胃虚寒者不宜多食;胃及十二指肠溃疡、慢性胃炎、单纯甲状腺肿、先兆流产、子宫脱垂等患者少食萝卜。此外,服用人参、西洋参时不要同时吃萝卜,以免药效相反。萝卜宜与豆制品同食,不宜与苹果、葡萄等水果及黑木耳同食。

**推荐美食**

萝卜烧肉、素炒萝卜丝、清蒸萝卜猪肉卷、萝卜鲫鱼汤

　　萝卜原产我国,具有多种药用价值,种子、鲜根、叶均可入药。种子含油42%,可用于制肥皂或作润滑油。萝卜营养丰富,维生素 C 的含量高出苹果、橘子等 5~8 倍,故又称它为"维他命萝卜"。

### 播种

萝卜适合庭院种植,或是选用较深的花盆种植。首先选优良种子直播、穴播。播种前,先浇一次小水,待水渗后,每穴播种 2~3 粒,播后覆盖 1.5~2 厘米细土。直播的土壤要湿度适宜,太干不易出苗,太湿则易烂种。为保温保湿防雨,播后可在畦面上铺盖塑料薄膜或撒上一薄层碎麦秸,隔日或出苗前揭去覆盖物。

### 定植

萝卜前茬宜选择黄瓜、茄果类或豆类蔬菜种植过的地块。为了避免发生连作障碍,刚种过十字花科蔬菜的地块不宜选用。及早深耕,打碎坷垃、耙平,施足底肥。若天气干旱,需开沟灌水,沟距 1~1.5 米,2~3 天后,立即深耕造墒,深度一般在 35 厘米为宜。萝卜的根系较发达,耕前需施足基肥。整平作畦。一般采用起垄种植,垄高 10~15 厘米,行距 45~50 厘米,株距 20~22 厘米。出苗后,适时间苗。

### 对环境条件的要求

**土壤:** 萝卜适宜于土层深厚、富含有机质、保水和排水良好、疏松肥沃的沙壤土。

**温度:** 萝卜种子发芽最适宜的温度为 20℃~25℃。幼苗期可耐 25℃ 的较高温度,也能忍耐短时间 −3℃~−2℃ 的低温。叶片生长的适温为 18℃~22℃,内质根最适生长的温度为 15℃~18℃。高于 25℃ 植株生长弱,产品质量差,所以萝卜生长的适宜温度是前期高后期低,夏秋季白天温度高,晚上温度低,也有利于营养积累和肉质根的膨大。

**光照:** 在阳光充足的环境中,植株生长健壮,产品质量好。光照不足则生长衰弱,叶片薄而色淡,肉质根形小、质劣。

**水分:** 在萝卜生长期间,如水分不足,不仅产量降低,而且肉质根容易糠心、味苦、味辣、品质粗糙;水分过多,土壤透气性差,影响肉质根膨大,并易烂根；水分供应不均，又常导致根部开裂，只有在土壤最大持水量 65%~80%、空气湿度 80%~90% 的条件下，萝卜才有较好的品质。

### 日常管理

**间苗：**萝卜应及时间苗，掌握早间苗、分次间苗、晚定苗的原则。点播品种留苗 1 株，间苗时应把遭受病虫害、生长衰弱、畸形、不具原品种特征的幼苗拔掉。当幼苗长至"拉十字"时，进行第 1 次间苗。结合间苗中耕除草，去除杂草、弱苗和病苗。当长出 3~4 片真叶时，进行第 2 次间苗，第 3 次在 5~6 片真叶时进行定苗。

**浇水：**萝卜苗期一般不需浇水，出苗后，若天气干旱，要浇次小水，不要大水漫灌，否则会冲坏幼苗，露出根系，影响生长，造成缺苗断垄。叶旺盛生长期，要适量的浇水，以保证叶片的生长。到肉质根生长盛期，要保证土壤湿润，防止忽干忽湿。这时如果水分供应不足，不仅影响肉质根的膨大，也将使须根增多、质地粗糙，导致糠心，土壤水分过多，应及时进行排水，以防止腐烂病的发生。萝卜收获前 8~10 天停止浇水，以利收获。

**施肥：**定苗后，可进行一次追肥。施肥时，在垄两侧开一小沟，自制或购买的肥料均可，培土扶垄，随即浇水。萝卜"破肩"后，为促进生长，应及时追肥浇水、治虫。

**中耕除草：**播种出苗后，如果遇下雨或浇水造成土壤板结，应及时进行中耕除草，使土壤保持疏松状态。中耕结合除草，后期应结合根防培土。地膜覆盖栽培的萝卜，只需及时除去行间、沟中的杂草，不须中耕。

| 每 100 克白萝卜的营养成分 | |
| --- | --- |
| 蛋白质 | 0.7 克 |
| 脂肪 | 0.1 克 |
| 膳食纤维 | 1.8 克 |
| 碳水化合物 | 4 克 |
| 热量 | 13 千卡 |
| | |
| 维生素 A | 3 微克 |
| 维生素 $B_1$ | 0.02 毫克 |
| 维生素 $B_2$ | 0.01 毫克 |
| 维生素 C | 21 毫克 |
| 维生素 E | 0.92 毫克 |
| 胡萝卜素 | 20 微克 |
| | |
| 钾 | 173 毫克 |
| 钠 | 61.8 毫克 |
| 钙 | 36 毫克 |
| 镁 | 16 毫克 |
| 磷 | 26 毫克 |
| 铁 | 0.5 毫克 |
| 铜 | 0.04 毫克 |
| 锌 | 0.3 毫克 |
| 硒 | 0.61 微克 |

采收

萝卜在播种后2个月左右,待肉质根完全膨大,达到收获标准后即可收获。收获时,尽量不擦破皮,并摘除黄叶。要及时采收,如采收过早影响质量和产量;过晚易使肉质根硬化,在贮藏中容易形成空心。

萝卜种子

萝卜苗也能食用,可以边间苗边食用

萝卜生长期,注意田间除草和松土

绿萝卜。萝卜采收要及时,保证萝卜味道

# 心里美萝卜

**科属:**十字花科萝卜属

**别名:**水果萝卜、花心萝卜

**适合种植季节:**秋季

**可食用部位:**肉质根

**生长期:**70~90 天

**采收期:**播种后 60 天

**常见病虫害:**蚜虫、菜青虫

**易种指数:**★ ★ ★ ★

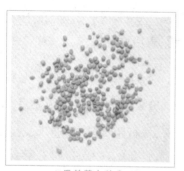

心里美萝卜种子

栽培槽栽心里美萝卜采收前

心里美萝卜

**营养功效**

心里美萝卜具有解热止渴、止咳化痰、促进食欲、防止感冒的功效。含丰富的维生素C和微量元素锌，有助于增强机体的免疫功能，提高抗病能力；它所含的酶和芥子油能促进胃肠蠕动，帮助消化。心里美萝卜含有木质素化合物，可提高人体内巨噬细胞吞噬细菌及癌细胞的能力，还具有明显的防癌作用，是天然的保健果蔬。

**食用宜忌**

一般人群均可食用，但患胃病、先兆流产及子宫脱垂等人群忌食，脾胃虚寒、腹泻者慎食或少食。

**推荐美食**

凉拌心里美萝卜、萝卜丸子汤、红油心里美萝卜皮

心里美萝卜是萝卜的一种，原产于我国，是我国著名的水果型萝卜，在全国均有大面积的种植习惯。适于庭院种植或是泡沫箱、栽培槽种植。

### 播种和育苗

浇透水，再将种子撒播于土面，覆土约 1 厘米，20℃~25℃时 3~4 天发芽。也可穴播，每穴 2~3 粒种子，最后间苗每穴定苗 1 株，株行距保持 10 厘米×20 厘米。苗期保持土壤湿润，不干则不浇水。

### 对环境条件的要求

**土壤:**宜选择土层深厚、富含有机质、排灌良好、保水保肥、微酸或中性(pH值 5.5~7.5)的沙壤土种植。

**光照:**要求充足的光照，光合作用强，物质积累多，肉质根膨大快，产量高；光照不足，碳水化合物积累少，肉质根膨大慢，产量低，品质差。

**温度:**属于半耐寒性蔬菜，喜冷凉气候。发芽适温为 20℃~25℃，幼苗期可耐 25℃左右高温，茎叶生长适宜温度 15℃~20℃，肉质根膨大最适地温为 6℃~18℃。

## 日常管理

**间苗**：幼苗出现真叶时，进行第 1 次间苗，除去过密或病弱的小苗；如果仍太密，可在长出第 2 片真叶时再间苗一次，间下的萝卜嫩苗也可作为芽菜食用；幼苗 4~5 片真叶时即可定棵（定植）。

**浇水、施肥**：发芽期水分供应要充足；幼苗期则应少浇水，以促进肉质根向下生长；肉质根生长初期适当浇水，重点防止叶部徒长；后期应水足肥足，尤其肉质根开始膨大时更要注意及时浇水，每次浇水要均匀，避免肉质根开裂，直到生长后期仍需浇水，以防空心。生长期随水 7~10 天追施草木灰等肥 2~3 次，以钾肥为主。

**中耕除草、培土**：由于心里美萝卜生长要求土壤中空气含量高，必须保持土壤疏松，适时进行中耕，结合中耕除草，必要时还要培土。

## 采收

霜降后即可采收，此时肉质根充分膨大，叶色转淡，并开始变黄。

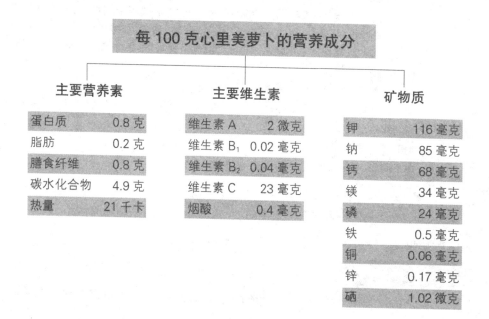

### 每 100 克心里美萝卜的营养成分

| 主要营养素 | | 主要维生素 | | 矿物质 | |
| --- | --- | --- | --- | --- | --- |
| 蛋白质 | 0.8 克 | 维生素 A | 2 微克 | 钾 | 116 毫克 |
| 脂肪 | 0.2 克 | 维生素 B$_1$ | 0.02 毫克 | 钠 | 85 毫克 |
| 膳食纤维 | 0.8 克 | 维生素 B$_2$ | 0.04 毫克 | 钙 | 68 毫克 |
| 碳水化合物 | 4.9 克 | 维生素 C | 23 毫克 | 镁 | 34 毫克 |
| 热量 | 21 千卡 | 烟酸 | 0.4 毫克 | 磷 | 24 毫克 |
| | | | | 铁 | 0.5 毫克 |
| | | | | 铜 | 0.06 毫克 |
| | | | | 锌 | 0.17 毫克 |
| | | | | 硒 | 1.02 微克 |

# 冬瓜

**科属**:葫芦科冬瓜属

**别名**:白瓜、白冬瓜、东瓜

**适合种植季节**:春、秋季

**可食用部位**:果实

**生长期**:100~120天

**采收期**:坐果后45天

**常见病虫害**:疫病、斑潜蝇

**易种指数**:★★★★

## 营养功效

冬瓜可润肺生津、清热解毒、利水消痰、除烦止渴、祛湿解暑,用于缓解心胸烦热、小便不利、肝硬化、腹水、高血压、脚气、胀满、消渴、痤疮、面斑、脱肛等病症,还能解鱼、酒毒。冬瓜种子还可以抑制体内黑色素,具有润肤的功效。

## 食用宜忌

一般人群均可食用,但脾胃虚弱、肾脏虚寒、久病滑泄、阳虚肢冷者忌食,女性月经期及痛经者忌食。此外,冬瓜宜与鸡肉、海带、红豆、甲鱼搭配食用,不宜与鲫鱼等搭配食用。

## 推荐美食

冬瓜鸡丁、冬瓜海带汤、冬瓜蘑菇汤、冬瓜炒火腿、海米冬瓜

冬瓜原产于我国南部及印度。嫩瓜或老瓜均可食用。冬瓜有圆形、扁圆形或长圆形果实。大小可数斤到数十斤,因品种不同而异。

## 种子处理

冬瓜栽培分春植和秋植两季,一般以春植较多。冬瓜适宜庭院种植。若在3

冬瓜种子本身也具有营养功效，成熟
后炒食味道不错

冬瓜的嫩瓜、老瓜均能食用，尤
其是老瓜保存期也很长

冬瓜有的时候需要人工授粉，授粉
时将雄花扣在雌花上即可

月早春播种，此时温度较低，宜采用先育苗后移栽的种植方式。选好优质种子后，可采用温汤浸种催芽，将种子用纱布包裹好，放入 55℃~60℃ 的温水浸种 10 分钟，不断搅拌至水温 30℃，再浸泡 3~5 小时。淘洗、沥干后晾一下，用湿布包好处理后的种子，在 25℃~30℃ 条件下催芽。每天淋水翻动 1~2 次，每天早晚用温水淘洗，露芽后即可播种于育苗钵中。温度回升后，也可直接在整理好的土壤中浸种直播或干籽直播。

### 播种

冬瓜育苗可选用按 3：3：1 比例混合的蛭石、草炭、珍珠岩，并掺加适量有机肥及多菌灵的混合基质；也可直接购买市面上配比好的现成基质；还可选用自己配制好的园田土，但要做好土壤的消毒工作。基质装钵后，放好并浇透水,每钵平放 1 粒已萌芽的种子,盖细土 1 厘米厚。播种后可每平方米苗床用 5 克 50% 多菌灵可湿性粉剂拌上细土均匀薄撒于床面上。春季育苗床床面上还需覆盖塑料膜保温保湿,夏秋季育苗床床面上需覆盖遮阳网或稻草,待有 70% 幼苗顶土时撤除覆盖物。苗床要有充分的水分供应,但又不能使土壤过湿。根据幼苗长势以及天气温度情况,灵活掌握通风炼苗时间。幼苗具有 3~4 片真叶时即可定植。

### 定植

冬瓜的前茬宜选择青菜、菠菜等蔬菜,或与葱头等轮作,而非瓜类蔬菜的生茬地块种植, 可避免重茬。种植冬瓜一般每平方米施购买的精制有机肥 2.5~3.5 千克或腐熟圈肥 5~6 千克,深耕晒土、混匀,精细整地并浇足底水,使土壤疏松。土壤整细、耙平后,做高垄或小高畦定植。温度低时,还可于畦上覆盖地膜,以便保温保墒及防除杂草。一般在幼苗三叶一心时带坨定植,注意别伤根,将壮苗移栽于准备好的地块中。每穴 1 株,株距 45~50 厘米,用土壤将苗坨封严,定植深度以苗坨高于栽培土面 0.2 厘米为宜,然后浇透水。

### 对环境条件的要求

**土壤**:冬瓜喜湿而不耐涝,生长期间需要保持土壤见干见湿。对土壤要求不严格、适应性广,但以保水保肥好的、肥沃的壤土为宜。

**温度**:冬瓜性喜温暖,种子发芽适宜温度 25℃~30℃,若在 15℃ 以下,发芽缓慢。植株生长适温为 18℃~32℃,以 25℃ 为最佳。

**光照**:冬瓜为短日照植物,开花结果期需要较强光照,有利于光合作用和坐果率提高。冬瓜适应性很强,长日照、高温、高湿度条件下也可生长快速,耐热耐干旱性也较强。

### 日常管理

**浇水、施肥**:冬瓜需肥水量较大。幼苗期前需要肥水很少,抽蔓期也不多,而在开花结果特别在结果以后需要充足的肥水。追肥数量上,引蔓上架前占施肥总量的 30%~40%,授粉至吊瓜占 60%~70%,采收前 15 天应停止施肥。一般幼苗期薄水薄肥促苗生长,抽蔓至坐果期肥水不宜多,要适当控制,以利坐果。选定瓜后肥水要充足,以促进果实膨大,应在 15~25 天内连续追施 2~3 次重肥。追肥可选择自制或购买,并配合淋水进行。大雨前后要避免施肥和偏施氮肥,以免引起病害。

**中耕除草:**生长季要及时中耕除草,摘除老、病、黄叶。

**引蔓:**当冬瓜蔓长至 18 节时即可引蔓上架,并在坐果前后均摘除全部侧蔓,留瓜后主蔓保持 10~12 片叶打顶。

**留瓜:**冬瓜留瓜节位与果实大小有一定关系,留瓜节位应在 23~25 节之间。

**人工授粉:**为提高坐果率,减少"空藤",还可进行人工辅助授粉。

**病虫害防治:**当冬瓜病虫害发生程度较为严重时,可购买生物农药进行控制。可选用 1000 倍液特灭蚜虱防治蚜虫、白粉虱;可用 50% 多菌灵 500~800 倍液、70% 百菌清 300~400 倍液交替使用防治白粉病。应用药剂控制病虫害可每 5~7 天进行一次,连续喷施 2~3 次。采收前 7 天应停止喷药。

### 采收

冬瓜可根据食用方法的不同选择采收嫩瓜或老瓜。老瓜的采收一般在坐果后 45 天左右,当瓜皮发亮墨绿色,而植株大部分叶片保持青绿而未枯黄时,选择晴天的上午进行采收。

### 每 100 克冬瓜的营养成分

| 成分 | 含量 |
| --- | --- |
| 蛋白质 | 0.4 克 |
| 脂肪 | 0.2 克 |
| 膳食纤维 | 0.7 克 |
| 碳水化合物 | 2.6 克 |
| 热量 | 11 千卡 |
| 维生素 A | 13 微克 |
| 维生素 $B_1$ | 0.01 毫克 |
| 维生素 $B_2$ | 0.01 毫克 |
| 维生素 C | 18 毫克 |
| 维生素 E | 0.08 毫克 |
| 胡萝卜素 | 80 微克 |
| 叶酸 | 9.4 微克 |
| 烟酸 | 0.3 毫克 |
| 钾 | 78 毫克 |
| 钠 | 1.8 毫克 |
| 钙 | 19 毫克 |
| 镁 | 8 毫克 |
| 磷 | 12 毫克 |
| 铁 | 0.2 毫克 |
| 铜 | 0.07 毫克 |
| 锌 | 0.07 毫克 |
| 硒 | 0.22 微克 |

# 葱

**科属:**葱科葱属
**别名:**大葱、青葱
**适合种植季节:**春、秋、冬季
**可食用部位:**茎、叶
**生长期:**60~70 天
**采收期:**定植后 50~60 天
**常见病虫害:**紫斑病、甜菜夜蛾
**易种指数:**★★★☆

**营养功效**
葱有发汗解表、散寒通阳、解毒散凝等功效。葱内含有的挥发油对白喉杆菌、结核杆菌、痢疾杆菌、葡萄球菌及链球菌有抑制作用。葱有促进食欲、强身健体、降三高、防癌抗癌等作用。

**食用宜忌**
一般人群均可食用。伤风感冒、发热无汗、头痛鼻塞、腹部受寒引起的腹痛腹泻、胃口不开、孕妇、头皮多屑而痒者宜食。脑力劳动者更宜食用葱。但患有胃肠道疾病特别是溃疡病的人不宜多食。另外,葱对汗腺刺激作用较强,有腋臭的人在夏季应慎食;过多食用葱还会损伤视力。葱宜与蘑菇同食,不宜与豆腐等豆制品同食。

**推荐美食**
葱炖猪蹄、葱烧海参、葱爆肉、葱白粥

## 播种

用 55℃温水搅拌浸种 20~30 分钟,或用 0.2％高锰酸钾溶液浸种 20~30 分钟,捞出洗净晾干后播种。

春秋季可在室外种植,冬季可将葱苗移到室内种植。播种前要浇足底水,水渗后将种子均匀撒播于床面,覆细土 0.8~1 厘米。春播苗播种后可覆盖地膜,保温保湿,幼苗出土后即撤膜。

## 🌱 定植

葱苗要分级，按大、中、小苗分开定植。庭院种植的葱定植可选干插法：在开好的葱沟内，将葱苗插入沟底，深度以不埋住五杈股为宜，两边压实后再浇水。还可先浇水、后插葱。

## ☀ 对环境条件的要求

**土壤**：葱对土壤的适应性较强，以土层深厚、排水良好、富含有机质的沙壤土为佳，土壤 pH 值为 6.9~7.6。

**温度**：葱性喜冷凉，生长适温 13℃~20℃，种子发芽适温 15℃~25℃。葱叶片生长适温 15℃~25℃。超过 25℃则生长迟缓，形成的叶和假茎品质都较差。葱可忍受 –20℃的低温。

**光照**：葱健壮生长需要良好的光照条件。

**水分**：葱根吸收能力差，生长发育期需供应适当水分。

## 🦪 日常管理

**浇水、施肥**：春播葱保持土壤湿润，结合浇水追肥 1~2 次，及时间苗和除草。葱不耐涝，多雨季节应注意及时排水防涝。秋播苗出齐后，保持土壤见干见湿，适当控制水肥，防止大苗过冬，上冻前浇一次冻水，寒冷地区可覆盖一层马粪或碎草等防寒。幼苗株高 8~10 厘米、3 片叶时越冬最佳。翌年春季土壤解冻后及时浇返青水。收获前 7~10 天停止浇水。要结合追肥浇水进行 4 次培土。将行间的潮湿土尽量培到植株两侧并拍实，以不埋住五杈股（外叶分杈处）为宜。

**间苗**：间苗 1~2 次，苗距 3~4 厘米见方。

## 🧺 采收

家庭种植葱可随食随采。一般在定植 50~60 天后，根据不同的菜肴或食法自行决定。但要在土壤结冻前收获。

| 每 100 克葱的营养成分 | |
| --- | --- |
| 蛋白质 | 1.6 克 |
| 脂肪 | 0.3 克 |
| 膳食纤维 | 2.4 克 |
| 碳水化合物 | 5.8 克 |
| 热量 | 23 千卡 |
| 维生素 A | 11 微克 |
| 维生素 $B_1$ | 0.06 毫克 |
| 维生素 $B_2$ | 0.03 毫克 |
| 维生素 C | 3 毫克 |
| 烟酸 | 0.5 毫克 |
| 钙 | 63 毫克 |
| 铁 | 0.6 毫克 |
| 磷 | 25 毫克 |
| 钾 | 110 毫克 |
| 钠 | 8.9 毫克 |
| 铜 | 0.03 毫克 |
| 镁 | 16 毫克 |
| 锌 | 0.29 毫克 |
| 硒 | 0.21 微克 |

老瓜、嫩瓜均可食用

# 西葫芦

**科属:**葫芦科南瓜属

**别名:**荽瓜、白瓜、番瓜

**适合种植季节:**春、秋季

**可食用部位:**果实

**生长期:**90~120 天

**采收期:**定植后 30 天

**常见病虫害:**白粉病、病毒病、红蜘蛛、蚜虫

**易种指数:**★★★★

**营养功效**

西葫芦具有清热利尿、除烦止渴、润肺止咳、消肿散结的功能。西葫芦还含有一种干扰素的诱生剂,可刺激机体产生干扰素,提高免疫力,发挥抗病毒和肿瘤的作用。因为其含丰富的水分,所以有润泽肌肤的作用。另外,因其维生素C含量较多,所以有减肥、抗癌防癌的作用。

**食用宜忌**

一般人群均可食用,但脾胃虚寒的人应少吃。此外,西葫芦不宜生吃。烹调时也不宜煮得太烂,以免营养大量流失。宜与豆腐同食,不宜与芦笋同食。

**推荐美食**

西葫芦炒番茄、西葫芦肉片、西葫芦炒鸡蛋、西葫虾皮汤

　　西葫芦原产于北美洲南部。形状有圆筒形、椭圆形和长圆柱形等多种。嫩瓜与老熟瓜的皮色有的品种相同,有的不同。嫩瓜皮色有白色、白绿、金黄、深绿、墨绿或白绿相间;老熟瓜的皮色有白色、乳白色、黄色、橘红或黄绿相间。

## 种子处理

　　西葫芦因其果实较大,适合庭院种植。一般情况下 4~8 月播种比较适合。在保证土壤足够湿度的情况下,可直接在整理好的土壤中浸种直播或干籽直

包着种衣剂的西葫芦种子

西葫芦幼苗长到一定高度时应该进行
间苗和定植

当西葫芦瓜条长到16~20厘米时就可以采摘了

播。但若在 3 月播种,此时温度较低,宜采用先育苗后移栽的方式。育苗时要选择饱满、颜色新鲜、发芽率较高的当年的新种子。可采用温汤浸种催芽,将种子用纱布包裹好,放入 55℃~60℃的温水浸种 15 分钟,不断搅拌至水温 30℃,再浸泡 4~5 小时。浸种过程中应注意搓洗种皮表面的黏着物。淘洗、沥干后晾一下,用湿布包好处理后的种子,在 25℃~30℃条件下催芽。每天淋水翻动 1~2次,每天早晚用温水淘洗,露芽后即可播种于育苗钵中。

### 播种

先浇透水,用镊子将种子播到浇透水的育苗土壤中,深度约 1 厘米,每钵放 1 粒已萌芽的种子,然后用手将孔洞捏实,防止种子周围有气洞。若播种时气温稍低,可在育苗容器外覆盖一层塑料,可保温。夏季育苗温度较高时,可在育苗床面上覆盖遮阳网或稻草。待有 70%幼苗顶土时撤除覆盖物,幼苗具有 3~4 片真叶时即可定植。

## 🌱 定植

西葫芦切忌重茬,所以宜选择前茬为非瓜类蔬菜的生茬地块种植。一般每平方米施购买的精制有机肥 2.5~3 千克,或腐熟圈肥 4.5~6 千克,深耕晒土、混匀,精细整地并浇足底水,使土壤疏松。土壤整细、耙平后,做高垄或小高畦定植。温度低时,还可于畦上覆盖地膜,以便保温保墒及防除杂草。一般在幼苗三叶一心时带坨定植,注意别伤根,将壮苗移栽于准备好的地块中。每穴 1 株,株距 50~55 厘米,用土壤将苗坨封严,定植深度以苗坨高于栽培土面 0.2 厘米为宜,然后浇透水,但切忌大水漫灌。

## ☀ 对环境条件的要求

**土壤**:西葫芦对土壤要求不严格,沙土、壤土、黏土均可栽培,但土层深厚的壤土易获高产。

**温度**:西葫芦较耐寒而不耐高温,生长期最适宜温度为 20℃~25℃,15℃以下生长缓慢,8℃以下停止生长,30℃以上生长缓慢并极易发生疾病。种子发芽适宜温度为 25℃~30℃,13℃可以发芽,但很缓慢;30℃~35℃发芽最快,但易引起徒长。开花结果期需要较高温度,一般保持 22℃~25℃最佳。早熟品种耐低温能力更强。

**光照**:西葫芦光照强度要求适中,较能耐弱光,但光照不足时易引起徒长。光周期方面属短日照植物,长日照条件上有利于茎叶生长,短日照条件下结瓜期较早。

**湿度**:西葫芦喜湿润,不耐干旱,特别是在结瓜期土壤应保持湿润,才能获得高产。高温干旱条件下易发生病毒病,但高温高湿也易造成白粉病。

## 🎍 日常管理

**浇水、施肥**:西葫芦缓苗后应追肥,购买或家庭自制的肥料均可施用,并浇

"催秧水"。若地温较低,不宜浇水过多。此后应及时中耕松土、防除杂草。待第一个瓜长到10~12厘米后再浇水。结瓜后一般5~7天浇水一次,以保持表土湿润为度,雨季则需排水,以防沤根。结瓜期顺水追肥,一般追肥2~3次为宜,这时肥料以麻酱饼肥、豆渣、草木灰等肥料为主。注意不能在太近基部施肥,否则容易引起烧根,施后淋水。注意水肥管理,苗期或第一雌花坐果期肥水过多易徒长;后期水肥跟不上则产量降低。

**人工授粉**:在无昆虫授粉时,为早熟高产,还应进行人工授粉。西葫芦留瓜后,应及时摘除雄花及不坐果的雌花。生长后期应及时摘除植株下部有病斑、黄化、老化的叶片,以增加光照及通透性,防止养分消化及病害传播。

**病虫害防治**:当西葫芦病虫害发生程度较为严重时,可购买生物农药进行控制。可选用1000倍液特灭蚜虱防治蚜虫;可用50%多菌灵500~800倍液、20%粉锈宁2000倍液交替使用防治白粉病;选择45%百菌清800倍液、菌核净600~800倍液交替使用防治西葫芦灰霉病。应用药剂控制病虫害可每5~7天进行一次,连续喷施2~3次。采收前7天应停止喷药。

🧺 **采收**

西葫芦定植后20天左右可坐根瓜,再过10~15天,当瓜条长至16~20厘米时可采收。摘瓜时最好留有3~4厘米果梗,利于贮藏。在5℃~10℃条件下,可保鲜10天左右。

| 每100克西葫芦的营养成分 | |
| --- | --- |
| 蛋白质 | 0.8克 |
| 脂肪 | 0.2克 |
| 膳食纤维 | 0.6克 |
| 碳水化合物 | 3.8克 |
| 热量 | 18千卡 |
| 维生素A | 5微克 |
| 维生素$B_1$ | 0.01毫克 |
| 维生素$B_2$ | 0.03毫克 |
| 维生素C | 6毫克 |
| 维生素E | 0.34毫克 |
| 胡萝卜素 | 30微克 |
| 烟酸 | 0.2毫克 |
| 钾 | 92毫克 |
| 钠 | 5毫克 |
| 钙 | 15毫克 |
| 镁 | 9毫克 |
| 磷 | 17毫克 |
| 铁 | 0.3毫克 |
| 铜 | 0.03毫克 |
| 锌 | 0.12毫克 |
| 硒 | 0.28微克 |

# 蒜

**科属**：百合科葱属

**别名**：葫蒜

**适合种植季节**：春、秋季

**可食用部位**：蒜苗、蒜薹、蒜瓣

**生长期**：春播 90~100 天，秋播
220~240 天

**采收期**：蒜苗 40~50 天

**常见病虫害**：叶枯病、蒜蛆

**易种指数**：★ ★ ★ ★ ★

### 营养功效

大蒜有暖脾胃、消症积、解毒、杀虫的功效。大蒜还能促进新陈代谢，降低胆固醇和三酰甘油的含量，并有降血压、降血糖、增强血管弹性及减低血小板凝集，并能减少心脏病发作的作用，故对高血压、高血脂、动脉硬化、糖尿病等有一定疗效。大蒜外用可促进皮肤血液循环，去除皮肤的老化角质层，软化皮肤并增强其弹性，还可防日晒、防黑色素沉积，去色斑增白。

### 食用宜忌

一般人群均可食用，但不宜食用过多。尤其适宜中老年人群，特别是高血压、高血脂、高血糖、易感冒者食用。但如有面红、口干便秘、烦热等症者忌食；胃溃疡、慢性胃炎者也要忌食；有鱼鳞病者慎用。蒜宜与猪肉、洋葱等同食，不宜与鸡鸭肉、鲫鱼等同食。

### 推荐美食

糖醋蒜、拌蒜泥、鲜蒜汁、蒜薹炒肉

　　蒜分为大蒜、小蒜两种。大蒜原产于欧洲南部和中亚地区，最早在古埃及、古罗马等地中海沿岸国家种植，汉代由张骞从西域引入我国。我国原产有小蒜，蒜瓣较小。蒜依鳞茎皮色分为紫皮蒜和白皮蒜；依蒜瓣大小分为大瓣蒜和小瓣蒜；依蒜瓣数分为独头蒜、四瓣蒜、六瓣蒜、八瓣蒜等；按是否抽薹则可分

蒜苗长到一定高度可以随时采收,但不要伤到蒜根

| 每100克蒜的营养成分 | |
| --- | --- |
| 蛋白质 | 4.5 克 |
| 脂肪 | 0.2 克 |
| 膳食纤维 | 1.1 克 |
| 碳水化合物 | 27.6 克 |
| 热量 | 126 千卡 |
| | |
| 维生素 A | 5 微克 |
| 维生素 $B_1$ | 0.04 毫克 |
| 维生素 $B_2$ | 0.06 毫克 |
| 维生素 C | 7 毫克 |
| 维生素 E | 1.07 毫克 |
| 烟酸 | 0.6 毫克 |
| | |
| 钾 | 302 毫克 |
| 钠 | 19.6 毫克 |
| 钙 | 39 毫克 |
| 镁 | 21 毫克 |
| 磷 | 117 毫克 |
| 铁 | 1.2 毫克 |
| 铜 | 0.22 毫克 |
| 锌 | 0.88 毫克 |
| 硒 | 3.09 微克 |

为有薹种和无薹种。另外,还有一种南欧蒜,蒜头特大。

## 种植技巧

大蒜种植起来比较简单。首先把好选种关,精选无伤残、无霉烂、无虫蛀、顶芽未受伤的蒜瓣。播前将选好的种蒜用清水浸泡 1 天。蒜忌重茬,应避免连作。播种前耕翻土壤后,若庭院种植可做平畦、高畦或高垄栽培。以收蒜头为目的定植行距、株距大一些;以收青蒜为目的的可适当密植。按行、株距打孔,深 3~4 厘米,每孔播一枚种蒜瓣,然后覆土整平,浇水。

蒜耐寒喜凉,生长适温 18℃~20℃。是长日照蔬菜,喜湿性根系。浇水每 5~6 天进行一次。以采青蒜为目的的,浇水、追肥应相应提前,且在整个生长期都要追肥。以采收蒜头及蒜薹为目的的,则在越冬前防冻保苗,浇透冻水。蒜薹采收后,每5~6 天浇一次水,蒜头采收前 5~7 天停止浇水。

蒜可根据不同的食用目的进行采收。采收蒜薹可于蒜薹顶部开始弯曲、薹苞开始变白时,在晴天下午采收。若要收获蒜头,当植株叶片开始枯黄、顶部有 2~3 片绿叶、假茎松软时采收。蒜苗长到一定高度后,可随时采收。

# 洋葱

**科属:**百合科葱属

**别名:**葱头、球葱、圆葱

**适合种植季节:**秋季

**可食用部位:**茎

**生长期:**一年

**采收期:**转年夏季

**常见病虫害:**软腐病、蓟马

**易种指数:**★★★

洋葱 20 世纪初传入我国。根据其皮色可分为白皮、黄皮和红皮三种。外国把洋葱誉为"菜中皇后"。

**营养功效**

洋葱具有润肠、健脾促消化、杀菌、降压降脂、补钙等功效。主治外感风寒无汗、鼻塞、宿食不消、高血压、动脉粥样硬化、高血脂、痢疾、肠炎、赤白带等症。洋葱中还有一种肽物质,可减少癌的发生率。

**食用宜忌**

一般人群均可食用,但一次不宜食用过多。特别适宜高血压、高血脂、动脉硬化等心血管疾病、糖尿病、癌症、急慢性肠炎及消化不良者食用,但皮肤瘙痒、眼疾、胃病、肺胃发炎者应少吃。此外,患有眼疾、眼部充血时不宜切洋葱。洋葱宜与鸡蛋、苦瓜同食,不宜与蜂蜜同食。

**推荐美食**

肉片炒洋葱、洋葱烩鸡翅、洋葱土豆焖饭、洋葱炒牛肉、炸洋葱圈

## 🌱 种植技巧

洋葱喜冷凉环境,生长的适宜温度为 15℃~24℃。为长日照植物。耐寒、喜湿、喜肥。不耐高温、强光、干旱和贫瘠。洋葱种子细小,发芽时子叶不易出土,所以宜选择疏松、肥沃保水力强的壤土或基质。适宜庭院种植。播前用 50℃温水浸种 10 分钟。洋葱不宜连作,也不宜与其他葱蒜类蔬菜重茬。耕地不宜深,但要求精细。耕前需施足基肥。

播时将种子掺入细土均匀撒在畦面上，然后均匀覆盖厚度 1 厘米左右细干土。洋葱的定植密度一般为株距 12~15 厘米，行距 15~18 厘米。定植前将幼苗根部剪短到 2 厘米，然后用50%多菌灵 500~800 倍液蘸根。定植深度埋至茎基部 1 厘米左右，以埋住茎盘、不掩埋出叶孔为宜。

洋葱定植后立即浇水，3~5 天再浇一次缓苗水。入冬前定植的，土壤封冻前浇一次封冻水。第 2 年返青时浇返青水。收获前 8~10 天停止浇水。适时进行中耕松土，一般苗期要进行 3~4 次。返青时随水追肥，植株进入叶旺盛生长期进行第 2 次追肥。鳞茎膨大期一般需追肥 2 次，间隔 20 天左右。最后一次追肥应距收获期 30 天以上。

当洋葱叶片由下而上逐渐开始变黄，假茎变软并开始倒伏，鳞茎停止膨大，外皮革质，标志着鳞茎已经成熟，就应及时收获。选晴天采收。

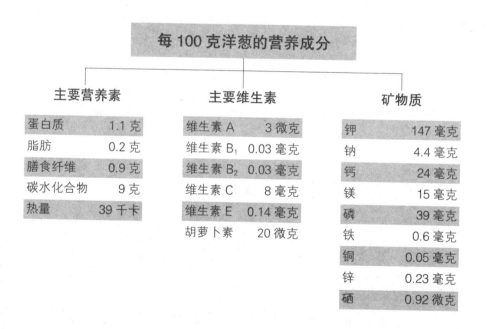

## 每 100 克洋葱的营养成分

| 主要营养素 | | 主要维生素 | | 矿物质 | |
|---|---|---|---|---|---|
| 蛋白质 | 1.1 克 | 维生素 A | 3 微克 | 钾 | 147 毫克 |
| 脂肪 | 0.2 克 | 维生素 B$_1$ | 0.03 毫克 | 钠 | 4.4 毫克 |
| 膳食纤维 | 0.9 克 | 维生素 B$_2$ | 0.03 毫克 | 钙 | 24 毫克 |
| 碳水化合物 | 9 克 | 维生素 C | 8 毫克 | 镁 | 15 毫克 |
| 热量 | 39 千卡 | 维生素 E | 0.14 毫克 | 磷 | 39 毫克 |
| | | 胡萝卜素 | 20 微克 | 铁 | 0.6 毫克 |
| | | | | 铜 | 0.05 毫克 |
| | | | | 锌 | 0.23 毫克 |
| | | | | 硒 | 0.92 微克 |

*涮肉的上好配菜*

# 京水菜

**科属：**十字花科芸薹属

**别名：**水晶菜

**适合种植季节：**春、秋季

**可食用部位：**整株

**生长期：**60 天以上

**采收期：**定植后 20~30 天

**常见病虫害：**蚜虫、白粉虱

**易种指数：**★ ★ ★

观赏食用篇

**营养功效**

京水菜含有较多钙、磷等矿物质以及维生素C和纤维素等。该菜口味清鲜、清凉，能够增加食欲、助消化，补充人体多种矿物质。

**食用宜忌**

一般人群皆可食用。

**推荐美食**

凉拌水晶菜、水菜鸡汤、麻酱水晶菜

　　京水菜是我国近年来才引进的稀特蔬菜。目前我国种植的品种有早生种、中生种和晚生种三大种类。京水菜具有特有的清香，其嫩茎叶均可供食，是涮肉的上好配菜，也可做汤、炒食或腌渍后食用。

### 种子处理

　　京水菜苗期生长较缓慢，且小苗纤秀，一般宜育苗移栽。用55℃温水浸种10~15分钟，不断搅拌至水温30℃~35℃，再浸泡3~4小时。淘洗、沥干后晾一下，

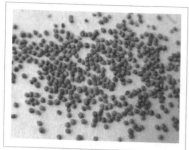

京水菜种子近圆形,发芽力可持续3~4年

可以采收了

用湿布包好处理后的种子,在15℃~25℃条件下催芽。每天用温水冲洗一次,把附着在种子上的黏液冲掉,以防止种子发霉腐烂。待种子露白时即可播种。

### 种植前准备

盆栽可选择在直径40~60厘米的通风透气性较好的浅瓦盆中栽植。盆土选择以疏松、透气为主,可选用经细筛筛过的普通田土或选用80%草炭和20%疏松园土配比而成的壤土,在配好的盆土中可加复合肥5千克,混合均匀。同时为减少病虫害的发生,播种前应对盆土进行消毒,如将盆土倒出、摊平在阳光下暴晒或在盆土中加入适量的多菌灵以进行消毒。

### 育苗定植

家庭种植京水菜,育苗器具可选择比较大的花盆或箱子,可多打些孔洞,以保证器具的通透性。育苗基质可选择细筛筛过的普通田土,也可购买市面上的基质进行自行配比,如按照蛭石∶草炭∶珍珠岩∶有机肥=3∶3∶1∶1进行配比,并掺加适量多菌灵,待幼苗长出2~3片真叶后分苗。待幼苗至5~7片真叶时进行定植。如以采收叶及掰收分生小株为主的栽培,可栽植密些。若一次性采收大株的可稀些。定植时不宜种植过深,小苗的叶基部均应在土面上,不然会影响植株生长及侧株的萌发,甚至烂心。

### ☀ 对环境条件的要求

**土壤:**京水菜喜富含有机质的沙壤土、壤土和轻质黏土,适宜生长的土壤pH值5.5~7.0。

**光照:**京水菜属长日照植物。低温通过春化后,在长日照条件下,植株抽薹开花。喜光照,有利的光照度为8000~25 000勒克斯。

**温度:**京水菜性喜冷凉气候,耐低温霜冻,属半耐寒性植物。7℃~8℃即可缓慢发芽,适宜的发芽温度20℃~23℃,生长适温12℃~23℃。不耐热,当温度越过25℃后,生长不良。10℃以下生长缓慢,5℃以下生长停滞。开花结实的适宜温度16℃~22℃,即白天不超过28℃,夜间不低于12℃。

**水分:**京水菜需水量较大,在整个生育期内要求有较多的水分供应,干旱会使叶片纤维增多,影响品质。

### 🏺 日常管理

**翻耙、除草:**京水菜前期生长较慢,植株缓苗后,为了促进根系生长,要及时浅翻耙,疏松土壤,以增加分株力。如掰收分株的,采收后还需及时除去杂草。

**施肥、浇水:**植株定植后3~5天,可结合缓苗水追肥一次。肥料可选择浸泡过的稀麻渣水或从市面上购买的速效肥。其后如土壤墒情差,宜再浇水,保持小苗不蔫垂。浇水不可用水管直接灌水,需用孔径较细的喷壶淋水。团棵后加强浇水,促进植株迅速生长和组织柔嫩,生长季节要注意防止干旱。京水菜前期生长较缓慢,一般不追肥,至植株开始分生小侧株时追施2~3次氮肥。收获、清茬之前停止追肥浇水。

　　**植株调整:**在京水菜生长前期,可将花盆紧密排放,这样既节省空间又方便管理。待植株生长中期,则应相应增大花盆间距,以满足植株生长的需要。京水菜生长过程中应注意随时拔除杂草,并及时摘除植株老、黄、病茎叶,以减少养分消耗,利于通风透光,保证植株旺盛生长。

## 采收

　　不同采收方法采收情况不同。

　　**小株采收:**当京水菜苗高15厘米左右时,可整株间拔采收,这时京水菜是涮火锅的上等配菜。

　　**分株采收:**京水菜定植后约30天,基部已萌生很多侧株,可陆续掰收。但一次不宜收得太多,看植株的大小掰收外围一轮,待长出新的侧株后陆续收获。

　　**大棵割收:**当植株长大封垄时,一次性割收即可。

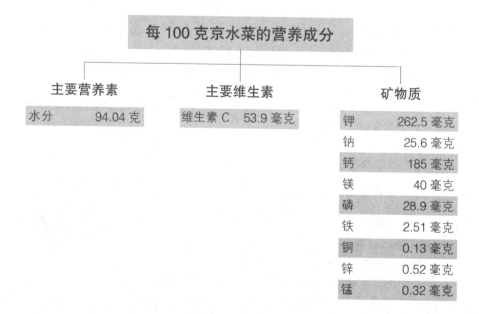

**每 100 克京水菜的营养成分**

| 主要营养素 | | 主要维生素 | | 矿物质 | |
|---|---|---|---|---|---|
| 水分 | 94.04 克 | 维生素 C | 53.9 毫克 | 钾 | 262.5 毫克 |
| | | | | 钠 | 25.6 毫克 |
| | | | | 钙 | 185 毫克 |
| | | | | 镁 | 40 毫克 |
| | | | | 磷 | 28.9 毫克 |
| | | | | 铁 | 2.51 毫克 |
| | | | | 铜 | 0.13 毫克 |
| | | | | 锌 | 0.52 毫克 |
| | | | | 锰 | 0.32 毫克 |

# 木耳菜

**科属**:落葵科落葵属

**别名**:落葵、藤儿菜、承露、天葵、
软浆叶、篱笆菜等

**适合种植季节**:春、夏季

**可食用部位**:幼苗、嫩梢或嫩叶

**生长期**:90~120 天

**采收期**:播种后 40 天

**常见病虫害**:褐斑病、斜纹夜蛾

**易种指数**:★★★★

## 营养功效

木耳菜的营养素含量极其丰富,尤其钙、铁等元素含量最高,药用时有清热、解毒、滑肠、凉血的功效,可用于治疗便秘、痢疾、疖肿、皮肤炎等病。因富含维生素A、维生素B、维生素C和蛋白质,而且热量低、脂肪少,经常食用有降血压、益肝、清热凉血、利尿、防止便秘等疗效,极适宜老年人食用。木耳菜的钙含量很高,是菠菜的2~3倍,且草酸含量极低,可作为补钙菜。

## 食用宜忌

一般人群皆可食用,但阳虚体质应忌食或少食,孕妇忌食。炒食时,宜大火快炒。

## 推荐美食

凉拌木耳菜、木耳菜蛋花汤、蒜蓉木耳菜、木耳菜豆腐汤

木耳菜因其味清香,咀嚼时如吃木耳一般清脆爽口,故名木耳菜。目前木耳菜在南北方普遍种植。

木耳菜种子

 **种子处理**

将种子用温水浸泡3天,捞出用清水淘净,盛于容器里盖上湿毛巾,在保湿透气的条件下捂种3~4天,在部分种子露白时,用干草木灰轻拌,使种子散开,进行播种。

刚长出子叶的木耳菜

出真叶的木耳菜

采收前的木耳菜,色泽鲜亮

采收下来的木耳菜

## 定植

一般家庭种植木耳菜,采取穴播的方法即可。把浸种后的种子点入土穴中,再覆土。覆土厚度以不露种子为宜,一般为1~1.5厘米。覆土过深,种子拱土费劲,影响出苗;覆土过浅,种子易风干,降低出苗率。播后浇水,要浇匀浇透,保持土壤湿润出苗。一般7~10天出齐。

## 对环境条件的要求

木耳菜是高温短日照植物,耐高温高湿,种子发芽适温为15℃;生长适温25℃~30℃,35℃以上只要不缺水,仍能正常生长,故在我国各地均可安全越夏。较耐瘠薄,但在肥沃疏松的沙壤土上生长良好,pH值以6.0~6.8为宜。

## 每 100 克木耳菜的营养成分

| | |
|---|---|
| 蛋白质 | 1.6 克 |
| 脂肪 | 0.3 克 |
| 膳食纤维 | 1.5 克 |
| 碳水化合物 | 4.3 克 |
| 热量 | 20 千卡 |

| | |
|---|---|
| 维生素 A | 337 微克 |
| 维生素 $B_1$ | 0.06 毫克 |
| 维生素 $B_2$ | 0.06 毫克 |
| 维生素 C | 34 毫克 |
| 维生素 E | 1.66 毫克 |
| 胡萝卜素 | 2 毫克 |

| | |
|---|---|
| 钾 | 140 毫克 |
| 钠 | 47.2 毫克 |
| 钙 | 166 毫克 |
| 镁 | 62 毫克 |
| 磷 | 42 毫克 |
| 铁 | 3.2 毫克 |
| 铜 | 0.07 毫克 |
| 锌 | 0.32 毫克 |
| 硒 | 2.6 微克 |

### 日常管理

根据不同的食用部位,有不同的管理方法。

**以采食嫩梢为主的木耳菜:**在苗高30~35厘米时留基部3~4片叶,收割嫩头梢,留两个健壮侧芽成梢。收割二道梢时,留2~4个侧芽成梢,在生长旺盛期,每株有5~8个健壮侧芽成梢,到中后期要及时抹去花茎幼蕾,到后期生长衰弱,留1~2个健壮侧梢,以利叶片肥大。

**以采食叶片为主的木耳菜:**要搭架栽培,在苗高30厘米左右时,搭人字架引蔓上架,除留主蔓外,再在基部留两条健壮侧蔓组成骨干蔓,骨干蔓长到架顶时摘心,摘心后再从各骨干蔓留一健壮侧芽。骨干蔓在叶采完后剪下架。上架时及每次采收后都要培土,也可以不整枝搭架采收嫩梢。

**中耕除草:**直播出苗后及生长期间,要及时中耕除草,防止杂草争夺养分。

**施肥、浇水:**追肥以尿素溶水施用。出苗后,要保持土壤湿润,适时浇水。每次采收后及时追施尿素,每平方米10克左右。

### 采收

有4~5片真叶时即可陆续间拔幼苗食用。以采嫩梢为主的,当苗高30~35厘米时基部留2片真叶用剪刀剪下,萌发的侧枝有5~6片真叶时再按上法采收。以采嫩叶为主的,前期15~20天采收一次,生长中期10~15天采收一次,后期7~10天采收一次,采收的叶片应充分展开而尚未变老,叶片肥厚。

# 苋菜

**科属**:苋科苋属

**别名**:红菜、野刺苋、人旱菜、杏菜、云仙菜等

**适合种植季节**:春、夏季

**可食用部位**:嫩茎叶

**生长期**:50~60 天

**采收期**:定植后 40~50 天

**常见病虫害**:苋菜黑斑病

**易种指数**:★ ★ ★ ☆

**营养功效**

苋菜全株可入药,它富含易被人体吸收的钙,对牙齿和骨骼的生长均有促进作用,并能促进儿童生长发育。它还具有促进凝血、增加血红蛋白含量并提高携氧能力、促进造血等功能。常食苋菜还可以减肥轻身、促进排毒、防止便秘、增强体质等。

**食用宜忌**

一般人群都可食用,但是脾胃虚寒者忌食;平时胃肠有寒气、易腹泻的人也不宜多食。烹饪时间不宜过久,不宜一次食用过多。另外,苋菜宜与鸡蛋、猪肝同食,忌与甲鱼和龟肉同食。

**推荐美食**

苋菜汤、紫苋粥、蒜茸苋菜、紫苋菜面条

苋菜种子可自己留种,一般干籽直播

苋菜原产于中美洲、亚洲热带和亚热带地区。我国是苋菜原产地之一,甲骨文中已出现"苋"字。世界各地都有苋属植物的分布,苋属约40种,我国有大约20种。

苋菜依用途大致可以分为三类:茎用苋,主茎发达,粗壮高大,不分枝,以食用其茎部为目的;籽用苋,亦称谷粒苋,穗型长大,以食用种子为目的;叶用苋,以其嫩茎叶供食,按叶片颜色又可分为绿苋、红苋和彩色苋。

### 种子处理

苋菜种子一般为自采种子或国内繁育的种子,可用凉水浸种,除去浮面的种,下沉的饱满种子浸泡2~4小时后,沥去余水后发芽前即可播种,春天可干籽直播。

### 种植前准备

苋菜主茎发达,粗壮高大,若盆栽可选择大型花盆和箱子,以排水方便、肥沃疏松的沙壤土或黏壤土种植为宜。可用小铲翻耙、整细土壤,并加施有机肥。此外,为增加土壤的美观,可用珍珠岩、陶瓷土等覆盖。

### 播种

苋菜一般采用直播,因苋菜种子细小,播种时为了均匀撒播,可将种子与细沙混合后撒播,播后覆土0.5厘米左右。2~3片真叶时可定苗,选择健壮苗培植,淘汰病弱小苗。

### 对环境条件的要求

**土壤**:宜选择排灌方便、肥沃疏松的沙壤土或黏壤土,苋菜喜欢偏碱性的土壤。

**光照**:苋菜在高温短日照条件下,易抽薹开花。在气温适宜、日照较长的春季栽培,抽薹迟、品质柔嫩、产量高。

**温度**:苋菜喜温暖,较耐热,生长适温23℃~27℃,20℃以下生长缓慢,10℃以下种子发芽困难。

**水分**:要求土壤湿润,但不耐涝,对空气湿度要求不严。

### 日常管理

**浇水**:播种后视天气和土壤情况进行浇水。10天左右出苗,出苗后要及早查看苗情,匀苗补苗。春季气温低,水分多,一般应控制浇水,只有在高温或干旱时才经常浇水,保持土壤湿润即可。

**翻耙、施肥：**苋菜出苗后应及时除草,并加强水肥管理,适时翻耙。从播种到长有2片真叶时,选晴天进行第1次追肥;约过12天进行第2次追肥,当第1次间拔采收后进行第3次追肥。以后每间拔采收一次追肥一次。

**植株调整：**苋菜植株高大,应适时培土,以防植株倒伏。生长后期要及时摘除下部老、黄、病叶,以利于通风透气。

### 采收

苋菜一般在苗高10~14厘米时开始采收。早春在播种以后40~50天就可采收,以后每隔7~10天选大株或密集处间拔,分2~3次收完。如欲连续收获,可用剪刀取顶部嫩枝,留茎部3~5厘米供萌发再长,每次采收后施一次肥,以延长采收期。

## 每100克苋菜(绿)的营养成分

### 主要营养素

| | |
|---|---|
| 蛋白质 | 1.8 克 |
| 脂肪 | 0.3 克 |
| 膳食纤维 | 2.2 克 |
| 碳水化合物 | 5.4 克 |
| 热量 | 25 千卡 |

### 主要维生素

| | |
|---|---|
| 维生素 A | 35 微克 |
| 维生素 $B_1$ | 0.03 毫克 |
| 维生素 $B_2$ | 0.12 毫克 |
| 维生素 C | 47 毫克 |
| 维生素 E | 0.36 毫克 |
| 胡萝卜素 | 1.95 毫克 |
| 烟酸 | 0.8 毫克 |

### 矿物质

| | |
|---|---|
| 钾 | 207 毫克 |
| 钠 | 32 毫克 |
| 钙 | 180 毫克 |
| 镁 | 87.7 毫克 |
| 磷 | 46 毫克 |
| 铁 | 5.4 毫克 |
| 铜 | 0.13 毫克 |
| 锌 | 0.8 毫克 |
| 硒 | 0.52 微克 |

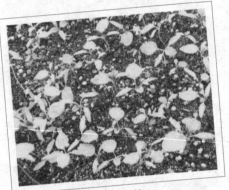

苋菜小苗

钻出花蕾的苋菜, 此时的苋菜有些变老, 要尽快采收, 抑或待其长成后留种

红苋菜

采收完的苋菜, 一小捆, 够吃一顿了

# 牛皮菜

**科属:**藜科甜菜属

**别名:**叶用甜菜、莙荙菜

**适合种植季节:**春、秋季

**可食用部位:**嫩茎叶

**生长期:**40~60 天

**采收期:**定植后 30 天

**常见病虫害:**病虫害少

**易种指数:**★ ★ ★ ☆

牛皮菜种子

红梗牛皮菜育苗

黄梗牛皮菜

**营养功效**

牛皮菜含有丰富的维生素A、维生素C、钙、铁、磷等。牛皮菜能清热解毒、化瘀止血。可补中下气、理脾气、去头风、利五脏。

**食用宜忌**

一般人群皆可食用。

**推荐美食**

牛皮菜肉粥、凉拌牛皮菜、鲍汁牛皮菜

牛皮菜原产于欧洲南部。目前我国家庭栽培的主要品种有白色牛皮菜、绿色牛皮菜和红色牛皮菜,其叶柄颜色分别为白色、绿色、红色,适宜栽培在花盆中,既可观赏又可食用。

### 种子处理

牛皮菜种子种皮较厚,播前需浸种催芽。方法是先用50℃~55℃温水浸种10分钟,然后用冷水继续浸泡12小时,捞出晾干,置于18℃~25℃条件下催芽,室温即可。

### 播种

将已催好芽的种子播在事先准备好的花盆内。直径40厘米的盆,每盆可播4~5粒,一般经3~4天即可出齐苗。待幼苗具4~5片真叶时,选壮苗定植。花盆摆放间距以20厘米为宜。

### 对环境条件的要求

**土壤:**适应性较强,耐盐碱,在各种土壤中均能生长。喜排灌良好的肥沃土壤,土壤的pH值以中性或弱碱性为好。

**光照:**属长日照蔬菜,适宜的日照时数为8~12小时。日照时数不足可降低牛皮菜的纯度和含糖率。低温、长日照可促进花芽分化。

**温度:**喜冷凉湿润的气候,但适应性较强,耐高温也耐低温。其发芽适温为18℃~25℃,日均气温14℃~16℃时生长较好。抗寒性强,幼苗能在-5℃~-3℃下存活,但超过30℃则生长不良。

### 日常管理

**浇水:** 在定植初期,特别需要控制盆土基质的水分,要保持盆土湿度在70%左右,太干不利于小苗根部吸收水分和满足植株的水分需求。生长中后期应供给充足的水分。浇水切勿过多,否则会造成沤根,并易生真菌性病害。在雨天过后应及时倒掉盆中积水。盆土也不宜过干,否则常会导致下部的成熟叶黄化脱落。

**施肥:** 施肥以氮肥为主,可促使叶片生长迅速,长出的叶片肥厚柔嫩。每次采收后要结合浇水追施一遍肥料。勤采轻采和施足追肥,不断促进新叶的生长是丰产的关键。

**植株调整:** 牛皮菜在定植后每隔1个月左右稀一次盆,以防摆放太密导致下部叶黄化。在第1次定植时即留出空位,以免以后稀盆时费时费工。及时摘除盆中植株的老、黄、病叶,并适时培土,以防植株倒伏。

### 采收

若整棵采收,在幼苗定植后30~40天开始陆续采收;若剥叶采收,则定植后40~60天,待有6~7片大叶时开始采收,一般每10天左右剥叶一次,每次剥叶3~4片,留3~4片大叶,以便下次继续采收。

| 每100克牛皮菜的营养成分 | |
| --- | --- |
| 蛋白质 | 1.8 克 |
| 脂肪 | 0.1 克 |
| 膳食纤维 | 1.3 克 |
| 碳水化合物 | 4 克 |
| 热量 | 19 千卡 |
| 维生素 A | 610 微克 |
| 维生素 B$_1$ | 0.1 毫克 |
| 维生素 B$_2$ | 0.22 毫克 |
| 维生素 C | 30 毫克 |
| 烟酸 | 0.4 毫克 |
| 钾 | 547 毫克 |
| 钠 | 201 毫克 |
| 钙 | 177 毫克 |
| 镁 | 72 毫克 |
| 磷 | 40 毫克 |
| 铁 | 3.3 毫克 |
| 铜 | 0.19 毫克 |
| 锌 | 0.38 毫克 |

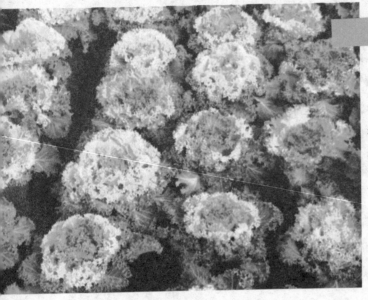

长得像朵花的蔬菜

# 羽衣甘蓝

**科属:**十字花科芸薹属

**别名:**叶牡丹、牡丹菜、花包菜等

**适合种植季节:**全年

**可食用部位:**叶片

**生长期:**70~90 天

**采收期:**定植后 30~40 天

**常见病虫害:**蚜虫、菜青虫

**易种指数:**★★★

**营养功效**

羽衣甘蓝营养丰富,含有大量的维生素及多种矿物质,特别是钙、铁、钾含量很高。每100克嫩叶中维生素C的含量达到220毫克。因其热量低,仅为209焦,故可作为健美减肥食品。

**食用宜忌**

一般人群皆可食用。叶片可炒、凉拌及做汤。

**推荐美食**

凉拌羽衣甘蓝、羽衣甘蓝比萨

　　羽衣甘蓝原产于地中海沿岸至小亚细亚一带,现广泛栽培,其主要分布于温带地区。英国、荷兰、德国、美国种植较多,且品种不同。我国引种栽培历史不长,近十几年才有少量种植,但也只是在北京、上海、广州等大中城市有所分布。目前有食用羽衣甘蓝和观赏羽衣甘蓝两大栽培种类。羽衣甘蓝食用部分为其有皱褶的嫩叶,可从植株不断剥取叶片。

## 种子处理

　　播前可浸种催芽,用50℃~55℃水浸种10分钟,并不停搅拌,置于18℃~25℃

紫色的羽衣甘蓝，花叶卷卷的，摆一盆放在家里，很漂亮吧

盆栽的羽衣甘蓝，长势如此之旺盛

绿色的羽衣甘蓝，这种叶子与甘蓝比较接近

条件下催芽，每天早晚用温水淘洗，种子露白后即可播种。

### 种植前准备

　　羽衣甘蓝可盆栽或箱栽，宜选疏松、透气、重量轻、易于搬动的基质，尽量少用泥土。基质的主要成分为80%草炭和20%疏松园土，在配好的基质中每立方米加复合肥5千克，混合均匀。此外，为增加基质的美观，可用珍珠岩、陶瓷土等覆盖。盆的选择应以通风透气性较好的瓦盆为佳，并附有底碟，防止浇水时渗出，影响环境及观赏效果。

### 播种

　　羽衣甘蓝一般采用育苗移栽的方法，先将种子集中播到一个盆中，密度为每

4平方厘米播1粒种子,然后待幼苗3~4片真叶时将幼苗连同根系周围土坨一起用小铲起出,再定植到另外的盆或箱子中。育苗基质可选择蛭石：草炭：复合肥=2：3：1配比,并掺加适量的多菌灵,也可用以前的老土。若使用老土,使用前最好经过阳光消毒。育苗时先将基质浇透,播种后上覆0.5~1厘米厚的细土,温度保持在20℃~25℃。

## 定植

定植密度为每25平方厘米定植1株,移栽幼苗时尽量不要伤根,以利缓苗,定植后浇水封土,以免根系周围还有气孔。

## 对环境条件的要求

**土壤:** 羽衣甘蓝对土壤的适应性较广,但更适合富含有机质的壤土栽培,其更有利于提高产量和品质。适宜中性或微酸性的土壤。

**光照:** 羽衣甘蓝属长日照作物,在生长发育过程中,具有一定大小的营养体在较低温度条件下完成春化阶段并在长日照条件下开花结实。在营养生长期间(未完成春化阶段以前),较长日照和较强的光照有利于生长。但在产品形成期间,要求较弱的光照,强光照射会使叶片老化,风味变差。

**温度:** 羽衣甘蓝喜温和的气候,耐寒性强。种子在3℃~5℃条件下便可缓慢发芽,20℃~25℃时发芽最快,30℃以上不利于发芽。茎叶生长最适宜温度18℃~20℃,夜间为8℃~10℃,但能耐-4℃的低温,生长期间能经受短暂的霜冻,温度回升后仍可正常生长。也较耐高温,在30℃~35℃条件下能生长,但叶片纤维增多,质地变硬,品质下降。

**水分:** 羽衣甘蓝喜湿润,但在幼苗期和莲座期能忍耐一定的干旱,而在产品形成期则要求较充足的土壤水分和较湿润的空气条件。在土壤相对湿度75%~80%,空气相对湿度80%~90%情况下,生长良好,产量高,品质佳。土壤水分不足会严重影响叶片生长,产量将明显降低。

## 日常管理

**翻耙、浇水**：植株缓苗后可用园艺小耙翻耙松土1~2次，促进根系生长，并结合除草进行。前期少浇水，使土壤见干见湿；长有10片叶以后浇水次数增多，经常保持土壤湿润，但每次浇水量不要过大，以小水勤浇为好，有利于生长。生长中后期应适时翻耙，供给充足的水分，以利于植株根系的伸展发育。浇水切勿过多，否则会造成沤根，并易生真菌性病害。

**施肥**：羽衣甘蓝生长迅速，幼苗需肥量大，及时供应充足的肥料十分必要。定植后3~5天，植株开始适应环境并迅速生长，可结合缓苗水追肥一次，以后每7~10天可施肥一次。当羽衣甘蓝叶丛冠径长至20厘米后，改为15~20天施一次肥。施肥以麻酱肥或豆渣肥为主。

**植株调整**：要及时摘除植株下部的老、黄、病叶，一则减少养分消耗，另外还有利于通风透光，使用新一轮的光合叶片制造营养，保证植株旺盛生长。此外，还要注意适时培土，以防植株倒伏。

## 采收

当羽衣甘蓝外叶展开10~20片时即可采收嫩叶食用，每次每株能采嫩叶5~6片，留下心叶继续生长，陆续采收。一般每隔10~15天采收一次。晚春、夏季如管理得好，又无菜青虫为害，可采收至初冬。秋冬季稍经霜冻后风味更好。在夏季高温季节，叶片变得坚硬，纤维稍多，风味较差，故要早些采摘，而早春、晚秋、冬季等冷凉季节采收的嫩叶品质、风味更佳。

### 每100克羽衣甘蓝的营养成分

| 成分 | 含量 |
| --- | --- |
| 蛋白质 | 5 克 |
| 脂肪 | 0.4 克 |
| 膳食纤维 | 3.7 克 |
| 碳水化合物 | 5.7 克 |
| 热量 | 32 千卡 |
| 维生素 A | 728 微克 |
| 维生素 B$_1$ | 0.07 毫克 |
| 维生素 B$_2$ | 0.18 毫克 |
| 维生素 C | 220 毫克 |
| 维生素 E | 1.12 毫克 |
| 胡萝卜素 | 4.4 毫克 |
| 钾 | 395 毫克 |
| 钠 | 66.8 毫克 |
| 钙 | 66 毫克 |
| 镁 | 53 毫克 |
| 磷 | 82 毫克 |
| 铁 | 1.6 毫克 |
| 铜 | 0.06 毫克 |
| 锌 | 0.56 毫克 |

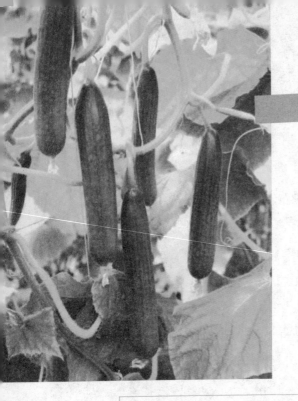

口味甘甜、亦蔬亦果

# 水果黄瓜

**科属:**葫芦科黄瓜属

**别名:**迷你黄瓜、小黄瓜

**适合种植季节:**春、夏季

**可食用部位:**嫩果

**生长期:**60~90 天

**采收期:**播种后 60 天

**常见病虫害:**白粉病

**易种指数:**★★★☆

### 营养功效

水果黄瓜含有各种营养素,这些微量元素可以起到降血糖的作用。对糖尿病患者来说,水果黄瓜是最好的亦蔬亦果食物。水果黄瓜还有清热解毒、生津止渴、利水消肿之功效,可主治咽喉肿痛、黄疸、风热眼疾、小便不利等症。另外,水果黄瓜中含有丰富的维生素E,可起到延年益寿、抗衰老的作用。

### 食用宜忌

一般人群皆可食用,尤其适宜肥胖、高血压、高血脂、嗜酒者,但是脾胃虚弱、腹痛腹泻、肺寒咳嗽者都应少吃。不宜生食不洁黄瓜,不宜弃汁制馅食用,不宜多食偏食,不宜加碱或高热煮后食用,不宜与辣椒、菠菜、番茄、菜花、小白菜、柑橘等同食。

### 推荐美食

蔬菜沙拉、清炒水果黄瓜、腌黄瓜

　　水果黄瓜原产于欧洲。与普通黄瓜相比,其瓜型小,一般长10~18厘米,重约100克。果实短棒形,表面柔嫩、光滑、无刺,瓜皮墨绿或绿色。

## 种子处理

　　水果黄瓜适合盆栽,既可食用又可观赏。在播种前要对种子进行处理,用55℃温水浸种10~15分钟,不断搅拌至水温30℃~35℃,再浸泡4~5小时。淘洗、沥

当水果黄瓜长到3~4片真叶时，
应该进行移栽定植了

水果黄瓜箱式栽培，记得要绑蔓

水果黄瓜雌花开花

干后晾一下，用湿布包好处理后的种子，在25℃~28℃条件下催芽。每天淘洗1~2次，出芽后即可播种于育苗盆中。

### 种植前准备

　　水果黄瓜若在4月播种，此时室外温度较低，宜采用先在室内育苗后移栽的方式。需要准备两个容器，集中育苗的容器大小没有限制，而栽培容器宜用直径40~50厘米、深度35厘米以上的大花盆、塑料箱、泡沫箱、木箱等，也可以选用长方形的塑料周转箱，箱子高度大于25厘米，箱底及两侧、两端铺上塑料薄膜防止渗漏，然后装入园土。箱底规则打几个3厘米直径的孔，以便排水。育苗土壤可以用以前种过花或种过菜的土壤,但必须经过阳光消毒,以减少土壤中的病菌,并且要整细,以利于出苗。除此之外,育苗土壤还可选择商品基质自行混配。若在5~9月播种,此时温度适宜,加之黄瓜属浅根性植物,移栽容易伤根,因此适宜直接在栽培基质中播种,省略移栽这个环节。这个时期播种适宜用土壤种植。

### 🖌 播种

播种密度为每25平方厘米播1粒种子,若种子已经出芽,用镊子将种子按密度平放在浇过水的育苗基质或育苗土壤上,注意不能伤到芽,然后种子上覆盖一层细土或基质,若使用细土覆盖则覆盖厚度0.4厘米左右即可,若使用基质覆盖,则厚度以0.8厘米为宜。若是干籽直播,可用上面的播种方法,也可用镊子将种子按密度插入土壤中,然后用手将孔洞捏实即可。直接播到栽培土壤中的,一般每盆播2粒种子,先在盆中间挖个直径3厘米、深2厘米的小坑,将2粒种子平放在内,然后用细土填满小坑,浇透水。播种后约3天出苗,出苗后视土壤墒情浇水。

### 🪴 定植

待幼苗在育苗盆中长到具有3~4片真叶时,用小铲在苗冠外围垂直向下挖10厘米深轻轻将苗子小心取出,注意别伤根,将壮苗移栽于准备好的栽培花盆中,用土壤将苗坨封严,定植深度以苗坨高于栽培土面0.2厘米为宜,然后浇透水。

### ☀ 对环境条件的要求

**土壤:**水果黄瓜喜肥,要求有充足的肥料供应、有机质丰富的肥沃土壤。

**光照:**水果黄瓜喜光,光照充足有利于提高产量,但耐弱光能力也较强。苗期给予8~11小时的短日照有利于促进雌花分化。

**温度:** 水果黄瓜属喜温植物, 不耐寒, 不耐高温。其生长适温为白天25℃~32℃,夜间14℃~16℃,10℃左右的昼夜温差有利于生长。

**水分:**一般土壤绝对含水量20%左右、空气湿度70%~80%最适宜生长。在苗期要注意控制水分供给,防止温差过大而徒长或冻伤根系。空气湿度不宜过高,否则容易发生病害。

### 🫑 日常管理

**中耕、浇水:**水果黄瓜属于浅根性植物,加之盆栽土壤面积有限,故不适于中耕。苗期要保持土壤湿度均衡,浇水不可直接浇植株茎秆处,而应浇根际周围。至第1次采瓜前基本要控水,以防徒长,促使其结瓜。当根瓜长至5厘米左右时开始浇水,以后每收获一次视天气和墒情要5天浇水一次。

**施肥:**水果黄瓜也是需肥量较大的植物,结果前期每周可施用一次肥料,家庭自制的肥料均可,进入结果期,每5天施一次肥,这时肥料以麻酱饼肥、豆渣、草木灰等肥料为主,促进植株生殖生长及提高坐果率。注意不能在太近基部施肥,否则引起烧根,施后淋水。

**植株调整:**当水果黄瓜植株长至5片真叶时,抓紧进行整枝管理,盆栽时可应用4根竹竿搭架,将黄瓜沿竹竿外侧盘旋向上绑蔓,同时摘除根瓜以下的全部侧枝,以利于营养生长与生殖生长共促。一般第5叶以上开始留第一个瓜。当植株高达1.5米左右时,可根据情况留健壮侧蔓1或2个。整枝同时应摘除卷须,清除其下部老、黄、病、残叶,以减少养分消掉,利于通风透光,减少病害的发生。还应进行落蔓管理。

### 🧺 采收

水果黄瓜因品种差异,果条长度10~20厘米不等,为保证新鲜、脆嫩、色美,掌握在瓜长13~16厘米、横茎2.5厘米为宜。采收时用剪刀留0.5厘米瓜蒂剪下即可。

**每 100 克水果黄瓜的营养成分**

| | |
|---|---|
| 蛋白质 | 0.8 克 |
| 脂肪 | 0.2 克 |
| 膳食纤维 | 0.5 克 |
| 碳水化合物 | 2.9 克 |
| 热量 | 15 千卡 |
| | |
| 维生素 A | 15 微克 |
| 维生素 B$_1$ | 0.02 毫克 |
| 维生素 B$_2$ | 0.03 毫克 |
| 维生素 C | 9 毫克 |
| 维生素 E | 0.49 毫克 |
| 胡萝卜素 | 90 微克 |
| 烟酸 | 1.4 毫克 |
| | |
| 钾 | 102 毫克 |
| 钠 | 4.9 毫克 |
| 钙 | 24.2 毫克 |
| 镁 | 15 毫克 |
| 磷 | 24 毫克 |
| 铁 | 0.6 毫克 |
| 铜 | 0.05 毫克 |
| 锌 | 0.17 毫克 |
| 硒 | 0.38 微克 |

# 南瓜

**科属**:葫芦科南瓜属

**别名**:番瓜、北瓜、倭瓜

**适合种植季节**:春、夏季

**可食用部位**:果实

**生长期**:4~6 个月

**采收期**:授粉后 40 天

**常见病虫害**:白粉病、病毒病、红蜘蛛、蚜虫

**易种指数**:★★★★

**营养功效**

南瓜有润肺益气、化痰排脓、驱虫解毒、治咳止喘、降糖降脂、增强机体免疫力、防止血管动脉硬化、美容及防治妊娠水肿和高血压等作用。近年来,一些专家、学者经实验表明,食南瓜子还有治疗前列腺肥大、预防前列腺癌、防治动脉硬化与胃黏膜溃疡、化结石的作用。南瓜还有预防癌症等功效。

**食用宜忌**

一般人群皆可食用。患有脚气、黄疸等病者忌食。南瓜中含有较多的糖分,正常人群也不宜多食。此外,服用中药期间也不宜食用南瓜。南瓜宜与绿豆、猪肉、山药同食,不宜与辣椒、羊肉、虾同食。

**推荐美食**

南瓜粥、南瓜牛肉汤、猪肝南瓜汤、紫菜南瓜汤

南瓜原产于亚洲南部,还有说是中南美洲,很早便传入我国。因其需要攀爬生长,所以需要的空间较大,适合庭院种植。

## 种子处理

一般情况下4~8月播种比较合适,可直接在整理好的土壤中浸种直播或干籽直播,但要保证土壤有足够的湿度。还可采用先育苗后移栽的方式。育苗时要选择饱满、颜色新鲜、发芽率较高的当年新种子。将种子用纱布包好放入55℃~60℃

南瓜种子

南瓜子叶

南瓜苗

南瓜雌花

南瓜雄花

南瓜开花坐果

南瓜结果

的温水浸种20分钟,不断搅拌至水温30℃,再浸泡4~6小时。浸种过程中应注意搓洗种皮表面的黏着物。用湿布包好处理后的种子,在28℃~30℃条件下催芽。每天淋水翻动1~2次,每天早晚用温水淘洗,露芽后即可播种。

### 🐛 播种

将种子播到浇透水的育苗土壤中,深度约1厘米,每钵放1粒已萌芽的种子,然后用手将孔洞捏实。若播种时气温稍低,可在育苗容器外覆盖一层塑料。夏季育苗温度较高时,可在育苗床面上覆盖遮阳网或稻草。播种后一般3天出苗,出苗后视土壤湿度情况,定期浇水,见干见湿,不宜小水勤浇。待有70%幼苗顶土时撤除覆盖物,幼苗具有3~4片真叶时即可定植。

### 🪴 定植

南瓜切忌连作,宜选择前茬为豆薯类的作物地块种植。精细整地并浇足底水,使土壤疏松。土壤整细、耙平后,做高垄或小高畦定植。温度低时,还可于畦上覆盖地膜,以便保温保墒及防除杂草。一般在幼苗三叶一心时定植。每穴1株,株距45~50厘米,用土壤将苗坨封严,定植深度以苗坨高于栽培土面0.2厘米为宜,然后浇透水,但切忌大水漫灌。

### ☀ 对环境条件的要求

**光照**:南瓜为喜光植物。

**温度**:南瓜是喜温植物,耐高温能力较强。种子发芽适温为25℃~30℃,生长发育的适温为18℃~32℃,开花和果实生长要求温度高于15℃,果实发育的适温为22℃~27℃,在低温条件下有利于雌花的形成,但长期低于10℃或高于35℃时则发育不良。

**土壤**:南瓜对土壤要求不严格,以土层深厚、排灌方便、疏松通透性好、有机质含量高、pH值为5.5~7.7的壤土或沙壤土为好。南瓜不耐涝,遇雨涝天必须及时排水。

### 日常管理

**浇水、中耕**：南瓜浇足缓苗水后，应保持土壤湿润。生长盛期及开花结果后需水较多，要保证充分的水分供应。南瓜膨大期要注意及时补水，生育期浇水4~5次。适时培土，及时中耕保墒。生长季应随时防除杂草。南瓜采收前10~15天不浇水。

**施肥**：南瓜需肥量较大，结果前期每周可施用一次肥料。进入结果期，每5天施一次肥，这时肥料以麻酱饼肥、豆渣、草木灰等肥料为主。注意不能在太近基部施肥，否则容易引起烧根，施后淋水。

**植株调整**：可用绳子将植株缠绕后系在搭好的竹架上。南瓜以主蔓结果为主，通常采用单蔓整枝的方法。高节位留瓜，每株留2~3个果实。栽培过程中应及时摘除侧杈、雄花及不坐果的雌花。生长后期应及时摘除植株下部有病斑、黄化、老化的叶片。

**人工授粉**：南瓜为雌雄同株异花植物，虫媒花。开花时需要昆虫协助授粉。但在低温、高温、多雨等情况下，即需要人工辅助授粉以提高南瓜的坐果率。人工授粉宜在开花当天上午的8~9点进行，9点前结束。授粉时从第2个雌花开始授粉，以后每2~4节授粉一次。

### 采收

南瓜以收老瓜为主，授粉后约40天可采收。摘瓜时最好留有3~4厘米果梗，以便贮藏。也可根据不同的食用方法，授粉后15天左右采收嫩瓜。

| 每100克南瓜的营养成分 | |
|---|---|
| 蛋白质 | 0.7 克 |
| 脂肪 | 0.1 克 |
| 膳食纤维 | 0.8 克 |
| 碳水化合物 | 5.3 克 |
| 热量 | 22 千卡 |

| | |
|---|---|
| 维生素 A | 148 微克 |
| 维生素 B$_1$ | 0.03 毫克 |
| 维生素 B$_2$ | 0.04 毫克 |
| 维生素 C | 8 毫克 |
| 维生素 E | 0.36 毫克 |
| 胡萝卜素 | 890 微克 |
| 烟酸 | 0.4 毫克 |

| | |
|---|---|
| 钾 | 145 毫克 |
| 钠 | 0.8 毫克 |
| 钙 | 16 毫克 |
| 镁 | 8 毫克 |
| 磷 | 24 毫克 |
| 铁 | 0.4 毫克 |
| 铜 | 0.03 毫克 |
| 锌 | 0.14 毫克 |
| 硒 | 0.46 微克 |

# 丝瓜

**科属:**葫芦科丝瓜属

**别名:**天罗、绵瓜、天丝瓜等

**适合种植季节:**春、夏季

**可食用部位:**果实

**生长期:**120天以上

**采收期:**开花后 10~12 天

**常见病虫害:**白粉病、绵疫病、炭疽病

**易种指数:**★★★★★

## 营养功效

丝瓜全身都是宝,根、叶、皮、花、藤、种子等皆有一定的药效。能保护皮肤、消除斑块,是不可多得的美容佳品,故丝瓜汁有"美人水"之称。丝瓜还可用于抗坏血病及预防各种维生素C缺乏症。由于丝瓜中维生素B等含量高,有利于小儿大脑发育及中老年人大脑健康。丝瓜藤还有镇痰祛咳之用。

## 食用宜忌

一般人群均可食用。月经不调、身体疲乏、痰喘咳嗽、产后乳汁不通的女性适宜多吃丝瓜,但是体虚内寒、腹泻者不宜多食。宜与鸡蛋、虾同食,不宜与白萝卜同食。

## 推荐美食

丝瓜炒鸡蛋、清炒丝瓜、虾仁丝瓜、肉末炒丝瓜

丝瓜种子黑色、扁形,本身具有通便、驱虫的功效

丝瓜原产于南亚热带地区。分为有棱的和无棱的两类,有棱的称为棱丝瓜,无棱的称为普通丝瓜,普通丝瓜俗称"水瓜",果实从短圆筒形至长棒形,果肉多,单瓜较重。

丝瓜刚露出子叶

盆栽多棵丝瓜苗

丝瓜苗期

丝瓜花

丝瓜结果

## 种子处理

　　种子壳很硬，要先放在 45℃~55℃的热水中烫 20 分钟，然后放在 30℃的温水中浸泡 24 小时后，淘洗、沥干后晾一下，用湿布包好处理后的种子，在 20℃~30℃条件下催芽。每天淋水翻动 1~2 次，露芽后即可播种。

## 种植前准备

　　为了便于管理，丝瓜宜采用先育苗后移栽种植的方式。育苗土壤可以用以前种过花或种过菜的土壤，但使用前一定要经过阳光高温消毒，杀灭残留在土壤中的病菌或虫卵。

消毒方法就是将老土和肥料混匀,装在大的透明塑料袋中,扎紧袋口保证密闭,在阳光下暴晒 10 天即可使用。播种前将土壤浇足水,以有水滴从盆底孔洞中流出为标准。

## 播种

播种应选晴天上午或中午进行,有利于提高苗钵温度和促进出苗。用育苗盆育苗。由于种子较大,播种时覆土应达到 1.5 厘米左右。每盆埋入 3~4 粒种子,4~7 天出苗,待长出 2~3 片真叶后,间苗留下最健壮的一棵。苗龄 40 天左右。

## 苗期管理

出苗前保持温度 28℃~33℃,出苗后温度可降至 20℃~25℃,当心叶长出时再提高温度至 25℃~30℃,育苗时要注意夜间温度的控制,一般在 13℃~18℃左右。在水分管理上是见干见湿,控温不控水。在秧苗生长期间可用 0.3% 的磷酸二氢钾进行叶面喷肥,苗期可进行 2~3 次。

## 定植

待幼苗在育苗盆中长到具有 3~4 片真叶时,用小铲在苗冠外围垂直向下挖 10 厘米深轻轻将苗子小心取出,注意别伤根,将壮苗移栽,用土壤将苗坨封严,然后浇透水。

## 对环境条件的要求

**土壤:**对土壤要求不严,以排水良好、pH 值为 6~6.5 之间的壤土最好。

**光照:**丝瓜属喜温短日照植物,喜光。

**温度:**丝瓜喜高温、高湿条件,种子发芽温度 25℃~30℃,出苗后温度管理,白天 25℃~28℃,夜间 15℃~18℃。茎叶和开花结果都要求较高温度。温度在 20℃ 以上生长迅速,在 30℃ 时仍能正常开花结果。

## 日常管理

**浇水:**定植时底水要浇足,当植株心叶开始生长,选择晴天的上午浇一次透水,而后进入蹲苗。当雌花开放时,结束蹲苗,浇水一次,以后每隔 5~7 天浇一次水。丝瓜喜潮湿的土壤环境,在整个生长期都要保持土壤湿润,开花结果期需水分更多。每次浇水后应用园艺小耙在根际周围进行中耕,促使根系纵深发展。

**施肥:**整地时一定要施足基肥,还应该经常追肥才能满足其连续开花结果和茎叶不断生长的需要。当雌花开后,受精坐果并长到 10~15 厘米长时,开始追肥,每平方米施麻酱饼肥或者草木灰 10 克。进入盛果期,隔一水施一次肥。丝瓜较耐肥,对高浓度的肥料也能忍受,肥料充足则根深叶茂,花果多,瓜条粗大,并有利于增加丝瓜的产量和延长采收期。

**植株调整:**蔓较长、生长旺盛、分枝力强的品种以搭棚架为好, 蔓较短、生长势弱的早熟品种, 搭人字架为宜。当蔓长 50~60 厘米时,近地面进行"盘条"压蔓,立支架后应及时引蔓。采用人字架或篱架栽培的,上架后呈"之"字形引蔓,并有计划地进行绑蔓,使茎蔓分布均匀,提高光能利用率。或采用交叉引蔓,即将瓜蔓引向对方的架材,成交叉式。同时要根据品种的自身特点,摘除过多或无效的侧蔓,使养分集中供给正常发育的花、果。此外,还应及时摘掉衰老、黄、病叶以及过密过多的叶,注意选留生长发育正常、子房粗大的果实。

## 🧺 采收

丝瓜要趁嫩,指甲可以轻易掐破瓜皮时采收。一般开花后 10 天,就可以采摘。经常采摘可以促进新瓜生长。如果想要丝瓜芯,等采收够了后再留起几个老瓜。不要太早留,因为留了老瓜的藤就不再长幼瓜了。等瓜变干、变轻后摘下。浸泡在热水里,把瓜皮剥除,掏出瓜子,洗干净,晒干即可。

| 每 100 克丝瓜的营养成分 | |
| --- | --- |
| 蛋白质 | 1 克 |
| 脂肪 | 0.2 克 |
| 膳食纤维 | 0.6 克 |
| 碳水化合物 | 4.2 克 |
| 热量 | 20 千卡 |
| 维生素 A | 15 微克 |
| 维生素 B₁ | 0.02 毫克 |
| 维生素 B₂ | 0.04 毫克 |
| 维生素 C | 5 毫克 |
| 维生素 E | 0.22 毫克 |
| 胡萝卜素 | 90 微克 |
| 叶酸 | 22.6 微克 |
| 烟酸 | 0.4 毫克 |
| 钾 | 115 毫克 |
| 钠 | 2.6 毫克 |
| 钙 | 14 毫克 |
| 镁 | 11 毫克 |
| 磷 | 29 毫克 |
| 铁 | 0.4 毫克 |
| 铜 | 0.06 毫克 |
| 锌 | 0.21 毫克 |
| 硒 | 0.86 微克 |

色彩艳丽的辣椒珍品

# 五彩辣椒

**科属:**茄科辣椒属

**别名:**朝天椒、五彩椒

**适合种植季节:**春、夏、秋季

**可食用部位:**果实

**生长期:**60~90 天

**采收期:**播种后 50 天

**常见病虫害:**蓟马、蚜虫、疫病

**易种指数:**★ ★ ★

**营养功效**

五彩辣椒辣味素含量是普通辣椒的10倍。五彩辣椒含有丰富的维生素、β–胡萝卜素、糖类、纤维质、钙、磷、铁,具有解热镇痛、增加食欲、帮助消化、降脂减肥等功效。五彩辣椒以其色彩艳丽的果实供食,经常食用可以强化指甲和滋养发根,对于肌肤有活化细胞组织功能,促进新陈代谢,使皮肤光滑柔嫩,具有美容的功效。可以预防微血管的脆弱出血、牙龈出血、视网膜出血、脑血管出血,也是糖尿病较宜食用的食物。

**食用宜忌**

一般人群皆可食用,患有肺结核、支气管扩张、甲状腺功能亢进、溃疡病、食管炎、红斑狼疮、牙痛、高血压病、癌症、目赤肿痛、口疮、更年期综合征等及表现出"阴虚火旺"的病症者不宜食用。此外,患有痔疾和疖肿者不宜食用。

**推荐美食**

朝天椒炒豆腐、辣子肉丁、朝天椒炒羊杂

　　五彩辣椒原产于美洲热带。同一株果实可有红、黄、紫、白、绿五色,有光泽,盆栽适合观赏,也可以食用。五彩辣椒是辣椒中的珍品,也是一种优良的盆栽观果花卉,适合家庭花盆中种植。

五彩辣椒种子

青椒未转色

开花结果期

盆栽五彩辣椒

### 🪴 种子处理

播种前用 50℃~55℃的温水浸种 20 分钟后,取出用清水浸种 3~4 小时,捞起后用干净的湿布包好置于 25℃~30℃的条件下继续催芽,催芽期间要注意每天用温水冲洗一次,把附着在种子上的黏液冲掉,防止种子发霉腐烂。待种子露白时播种。

### 🪴 播种

五彩辣椒种植播种时间一般为 4~9 月,育苗时每 16 平方厘米播种 2 粒种子,2粒种子播在一起,用镊子将种子播到浇透水的育苗土壤中,深度约0.5厘米。出苗期温度为25℃~30℃,若播种时气温稍低,可在育苗容器外覆盖一层塑料薄膜。五彩辣椒播种后一般5~7天出苗,出苗后视土壤湿度情况,定期浇水,见干见湿,不宜小水勤浇。苗期由于需肥量少,基质或土壤中的营养成分就可满足植株生长需要,而不需另外施肥。

## 🪴 定植

待幼苗在育苗盆中长到具有5~6片真叶时,用小铲在苗冠外围垂直向下挖10厘米深轻轻将苗子小心取出,注意别伤根。将壮苗定植于准备好的栽培花盆中,用土壤将苗坨封严,定植深度与苗坨齐平为宜,然后浇透水。

## ☀ 对环境条件的要求

**土壤:** 对土壤要求不严,但以肥沃、湿润、排水良好的沙壤土为好。

**光照:** 属短日照植物,对光照要求不严,但光照不足会延迟结果期并降低结果率,高温干旱强光直射易发生果实日灼或落果。

**温度:** 五彩辣椒是一种喜温植物,忌高温,不耐霜冻,生长适温为18℃~30℃,果实发育适温为25℃~30℃,但成熟的果实可以耐10℃的低温。

**水分:** 五彩辣椒较为耐旱,水分过多会导致授粉不良,推迟结果。忌根部渍水,否则会烂根。保持盆土潮润即可。

## 🔔 日常管理

**浇水:** 五彩辣椒移栽后,应浇足缓苗水。生长中后期应保证充足的水分供应。适时用园艺小锄或小耙中耕除草,疏松土壤。开花后要适当控制水分,以防落花,提高结果率。浆果发育和成熟期,应保持盆土潮润,不然果色干黄无光泽。

**施肥:** 五彩辣椒生长发育强健,在充分施足基肥情况的下无需特殊管理,但不耐高温和浓肥。定植后,可每隔 10~15 天淋施稀释的麻酱饼肥一次,生长旺盛期可追施 1~2 次家庭自制肥料,也可用市场上购买的花肥。花期适当进行 1~2 次追草木灰,使果多果艳。盆栽植株冬季若移至室内,适当养护可继续开花,观果、采收往往可延长到新年。

**植株调整:** 为了便于生长前期管理,花盆可紧密排放。待植株长到一定大小相互挤压时, 应相应增大盆钵间距, 生长周期内可根据植株情况排放 2~3 次。以避免由于植株密度过大,造成植株徒长。还要适时培土,以防植株倒伏。五彩辣椒植株高大,分枝力强,待苗高 10~15 厘米后可进行适当整枝、摘心。栽培过程中可用短竹扎稳主干,修剪侧枝,及时摘除有病斑、黄化的叶片,并且尽量增加光照、经常通风换气,以增强植株的光合作用,防止落花落果及病害的发生,提高坐果率,并增强观赏效果。

## 采收

五彩辣椒可食青果,也可等果实陆续成熟后采收熟果。采收的成熟果实也可串挂在通风干燥处晾晒成椒干。

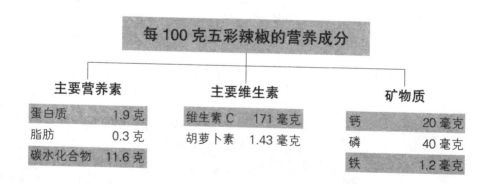

**每 100 克五彩辣椒的营养成分**

| 主要营养素 | | 主要维生素 | | 矿物质 | |
|---|---|---|---|---|---|
| 蛋白质 | 1.9 克 | 维生素 C | 171 毫克 | 钙 | 20 毫克 |
| 脂肪 | 0.3 克 | 胡萝卜素 | 1.43 毫克 | 磷 | 40 毫克 |
| 碳水化合物 | 11.6 克 | | | 铁 | 1.2 毫克 |

# 苦瓜

**科属**:葫芦科苦瓜属

**别名**:凉瓜、癞瓜

**适合种植季节**:春、夏季

**可食用部位**:嫩果

**生长期**:60~70 天

**采收期**:开花后 10～12 天

**常见病虫害**:炭疽病、螨虫

**易种指数**:★ ★ ★

**营养功效**

苦瓜具有清热消暑、养血益气、补肾健脾、滋肝明目之功效。苦瓜还有防癌抗癌的作用。苦瓜的新鲜汁液含有苦瓜苷和类似胰岛素的物质,具有良好的降血糖作用,是糖尿病患者的理想食品。苦瓜还可以润白皮肤。

**食用宜忌**

一般人群皆可食用,糖尿病患者尤为适宜,但是孕妇及脾胃虚寒者不宜多吃。另外,苦瓜不宜食用过量。宜与青椒、茄子、洋葱等同食,不宜与猪排骨同食。

**推荐美食**

苦瓜煎蛋、苦瓜拌牛筋、清炒苦瓜、苦瓜盅、肉馅酿苦瓜

苦瓜种子

苦瓜幼苗

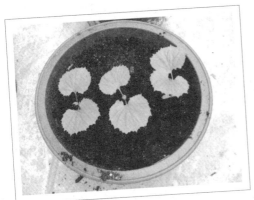

盆栽苦瓜苗

苦瓜苗开始长蔓了

苦瓜生长期

苦瓜开花

刚结的小苦瓜

苦瓜原产于亚洲热带地区,广泛分布于热带、亚热带和温带地区。苦瓜虽苦,却从不会把苦味传给"他人",如用苦瓜烧鱼,鱼块绝不沾苦味,所以苦瓜又有"君子菜"的雅称。苦瓜果实为浆果,果形有纺锤形、短圆锥形、长圆锥形等,有瘤状凸起,成熟时橙黄色。

## 种子处理

苦瓜种皮厚,应先浸种催芽。要先放在 45℃~55℃的热水中烫 20 分钟,然后放在 30℃的温水中浸泡 24 小时后,淘洗、沥干后晾一下,用湿布包好处理后的种子,在 20℃~30℃条件下催芽。每天淘洗 1~2 次,露芽后即可播种。

## 种植前准备

可盆栽,土壤可以使用种过花或菜的老土,不宜选用重茬或种过其他瓜类的土壤,老土使用前一定要经过阳光高温消毒。播前几天把准备好的营养土(如没种过瓜类的园土):草炭:蛭石:自制有机肥 =1:1:1:0.5,过筛掺匀后装入花盆,浇透水,盆上用塑料布盖严,几天后可用。若庭院种植,应先整地施肥,具体同南瓜种植。

## 播种

盆栽用口径及深长大于 30 厘米的大花盆或栽培槽。把催好芽的种子放入土中,芽向下贴着土,种子上覆盖 1.5 厘米左右厚的小土堆,然后再撒一层细土。每盆埋入 3 粒瓜子,5~8 天出苗,待长出 4~6 片真叶时,间苗留下最健壮的一棵。苗龄 30~35 天。

## 对环境条件的要求

**土壤**:宜选择肥沃、排水方便的壤土种植。

**光照**:苦瓜属短日照植物,喜光、不耐阴,对光照长短的要求不严格,较长时间的光照有利于其良好生长。

**温度**:苦瓜喜温、耐热、耐湿,种子发芽温度 30℃~35℃,生长适温 25℃左右,开花结果期适宜温度 20℃~30℃。

## 日常管理

**中耕、浇水：**苦瓜要经常保持土壤湿润,结果期更要充足的水分。每次浇水后应用园艺小耙在根际周围进行中耕,促使根系纵深发展。

**施肥：**进入坐果期之前,以豆渣肥为主,挂果后要及时补充钾肥、磷肥,施用稀释过的麻酱饼肥为主,有条件的在栽培土壤中可埋入鸡蛋壳粉、骨渣、草木灰等含磷钾量比较高的有机物。

**植株调整：**苦瓜需要搭架。以搭"人"字架或花架为宜。由于植株分枝力强,从下部选2~3条粗蔓,绑蔓上架,其余的全部打掉。苦瓜的引蔓要勤,引蔓时间以晴天的下午进行为宜,以免折断蔓。为了使其养分集中长瓜,发挥主蔓优势,要及时摘掉五雌花的侧蔓、卷须、多余雌花花蕾和下部的黄叶。

## 采收

苦瓜的果实发育较快,开花后 10~12 天即可成熟,当果实的条状或瘤状突起比较饱满,果皮转为有光泽、果顶颜色开始变浅时及时采收。

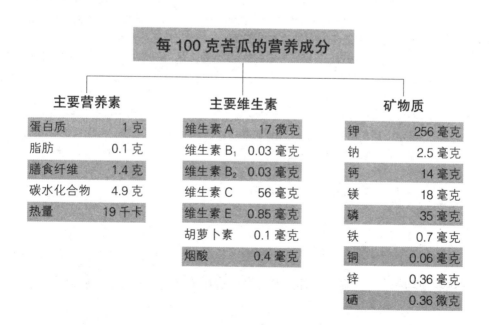

### 每 100 克苦瓜的营养成分

| 主要营养素 | | 主要维生素 | | 矿物质 | |
|---|---|---|---|---|---|
| 蛋白质 | 1 克 | 维生素 A | 17 微克 | 钾 | 256 毫克 |
| 脂肪 | 0.1 克 | 维生素 $B_1$ | 0.03 毫克 | 钠 | 2.5 毫克 |
| 膳食纤维 | 1.4 克 | 维生素 $B_2$ | 0.03 毫克 | 钙 | 14 毫克 |
| 碳水化合物 | 4.9 克 | 维生素 C | 56 毫克 | 镁 | 18 毫克 |
| 热量 | 19 千卡 | 维生素 E | 0.85 毫克 | 磷 | 35 毫克 |
| | | 胡萝卜素 | 0.1 毫克 | 铁 | 0.7 毫克 |
| | | 烟酸 | 0.4 毫克 | 铜 | 0.06 毫克 |
| | | | | 锌 | 0.36 毫克 |
| | | | | 硒 | 0.36 微克 |

必须熟透才能食用

# 扁豆

**科属:**豆科扁豆属

**别名:**藕豆、南扁豆、沿篱豆、
蛾眉豆等

**适合种植季节:**春季

**可食用部位:**豆荚

**生长期:**120天以上

**采收期:**开花后15~18天

**常见病虫害:**豆螟

**易种指数:**★ ★ ★

## 营养功效

扁豆含蛋白质、维生素A、维生素$B_1$、维生素$B_2$、维生素C等,尤其B族维生素含量特别丰富。扁豆中还含有血球凝集素,可增加脱氧核糖核酸和核糖核酸的合成,抑制免疫反应和白细胞与淋巴细胞的移动,肿瘤患者宜常吃扁豆,有一定的辅助食疗功效。扁豆含有氨基酸,故有健脾胃、增进食欲的作用。另外,对缺铁性患者也有益。

## 食用宜忌

一般人群皆可食用,但是患寒热病者不可食。扁豆含有毒蛋白、凝集素及能引发溶血症的皂素,所以一定要煮熟后才能食用,否则可能会出现食物中毒现象。扁豆宜与香菇、山药同食。

## 推荐美食

扁豆炒肉丝、扁豆焖面、干煸扁豆

扁豆原产于印度、印度尼西亚等热带地区,约在汉晋间引入我国,目前在我国各地均有种植。扁豆品种主要有寿光猪耳朵、白花扁豆、紫边扁豆等几种。

## 种植前准备

若盆栽适宜选用直径 40 厘米以上、深度 30 厘米以上的圆盆或者箱子种植,土壤适合沙质土壤或壤土种植,也可使用园田土,若使用老土需要加入商品有机粪肥,每升老土加入 200 克左右的粪肥即可。若庭院栽培要注意整地、施肥和浇足底水。

## 播种

当室外温度稳定在 15℃以上时,可直播,播前用温水浸种 6~8 小时。穴播,每穴播 3 粒,播种后用土壤封穴,然后浇透水。一般 3~4 天出苗。

## 对环境条件的要求

**温度**：喜温怕寒,遇霜冻即死亡。种子发芽适温 22℃~23℃。生长适温 20℃~30℃,开花结荚最适温度 25℃~28℃,可耐 35℃高温。在 35℃~40℃高温下,花粉发芽力下降,容易引起落花落荚。

**光照**：短日照作物,扁豆较耐阴。

**水分**：扁豆对水分要求不严格,属于较耐旱的蔬菜。

## 日常管理

**肥水管理**：扁豆苗期需水量少,开花结荚期需肥水较多,加之扁豆结荚时间长,不断开花结荚,需要有足够的肥水才能保证其高产。开花前,一般追肥水 2~3 次,每次每盆施入豆渣肥或麻酱肥 200 克,以后每采收一次扁豆,追施家庭自制肥一次。

### 每 100 克扁豆的营养成分

| | |
|---|---|
| 蛋白质 | 2.7 克 |
| 脂肪 | 0.2 克 |
| 膳食纤维 | 2.1 克 |
| 碳水化合物 | 61.9 克 |
| 热量 | 37 千卡 |

| | |
|---|---|
| 维生素 A | 25 微克 |
| 维生素 $B_1$ | 0.04 毫克 |
| 维生素 $B_2$ | 0.07 毫克 |
| 维生素 C | 31 毫克 |
| 维生素 E | 1.24 毫克 |
| 叶酸 | 15.6 微克 |
| 烟酸 | 0.9 毫克 |

| | |
|---|---|
| 钾 | 178 毫克 |
| 钠 | 3.8 毫克 |
| 钙 | 38 毫克 |
| 镁 | 34 毫克 |
| 磷 | 54 毫克 |
| 铁 | 1.9 毫克 |
| 锌 | 0.72 毫克 |
| 碘 | 2.2 微克 |
| 硒 | 0.94 微克 |

白扁豆种子

扁豆花颜色鲜艳，即便不为了食用，
用来欣赏也是不错的

扁豆荚未鼓起，由绿转白，即可采摘

**整蔓搭架:**当扁豆苗长到 30 厘米左右时，应及时搭架，引蔓上架，架高 1.5~2 米，当主蔓长至 0.5 米左右时，及时对主蔓打顶摘心，促发子蔓和花絮枝;当子蔓长至 0.5 米左右时，对子蔓摘心，促发花絮和孙蔓;当孙蔓有 0.5 米左右时，对孙蔓摘心，促发更多花絮枝，最后形成 2 枝侧蔓、4 枝孙蔓和 8 枝重孙蔓。同时剪除无花絮的细弱懒枝及老、病叶，保持良好的通风透光。

### 🧺 采收

当扁豆鲜荚籽粒没有明显鼓起，荚色由绿开始转白时采收为宜。采摘时，注意不要损坏花絮枝，因为花絮枝会重新开花结荚。

# 乌塌菜

食法多样的塌菜

**科属**：十字花科芸薹属

**别名**：塌菜、塌棵菜、塌地松、
　　　黑菜等

**适合种植季节**：春、秋季

**可食用部位**：整株

**生长期**：40~60 天

**采收期**：播种后 40~60 天

**常见病虫害**：病毒病、霜霉
　　　病、菜青虫

**易种指数**：★★

**营养功效**

乌塌菜能滑肠、疏肝、利五脏。常吃乌塌菜可防止便秘，增强人体防病抗病能力，润泽皮肤，美容保健。

**食用宜忌**

一般人群皆可食用。乌塌菜食用前应焯一下，焯菜时在沸水中放点盐、油，则焯出的菜油光发亮，外观好，但要注意火候，以沸腾的水快焯为宜。

**推荐美食**

蒜蓉乌塌菜、乌塌菜炒豆干、塌菜冬笋

　　乌塌菜原产于我国，栽培历史悠久，主要分布于长江流域。我国栽培的乌塌菜品种很多，按其株型可分为塌地与半塌地两种类型。乌塌菜叶柄肥厚、叶片鲜嫩，炒食、做汤、凉拌均可，色美味鲜，营养丰富。比较适合阳台、露台种植。

## 种子处理

乌塌菜可干籽直播或用清水浸泡1小时后播种。

## 种植前准备

乌塌菜株型小,根系也较浅,花盆的选择不宜过深过大。盆土宜选疏松、透气、重量轻、易于搬动的基质。基质可在市面上购买调配好的成品,也可以用商品基质混配,适宜比例为草炭:蛭石:珍珠岩:有机肥=6:3:1:1,再加入适量的多菌灵混合配制。如为节约成本也可选用经过细筛并阳光暴晒消毒后的园土,再加些复合肥,混合均匀即可待用。此外,为增加基质的美观,可用珍珠岩、陶瓷土等覆盖。盆的选择应以通风透气性较好的瓦盆为佳,并附有底碟,防止浇水时渗出,影响环境及观赏效果。

## 播种和定植

可将种子撒播于比较大的、底部带有多个孔洞的花盆或箱子中,以保证育苗器具的通透性。待幼苗具有5~6片真叶时,选壮苗定植于准备好的花盆中。定植时尽量少伤根系和叶片,以免造成伤口,诱发病害。定植深度以与幼苗原入土深度一致为宜,深栽易发生烂心。在土质松软时,宜深栽,黏重土宜浅栽。一般情况下,第一片真叶应在地表以上为好。定植后立即浇水。花盆摆放以10~15厘米见方为宜。

## 对环境条件的要求

**土壤**:乌塌菜对土壤的适应性较强,但以富含有机质、保水保肥力强的黏土最为适宜,较耐酸性土壤。

**光照**:乌塌菜对光照要求较强,阴雨弱光易引起徒长,茎节伸长,品质下降。长日照及较高的温度有利于抽薹开花。

**温度**:乌塌菜性喜冷凉。种子在15℃~30℃下经1~3天发芽,以20℃~25℃为发芽适温,4℃~8℃为最低温,40℃为最高温。乌塌菜能耐-10℃~-8℃低温,25℃以上的高温及干燥条件下,生长衰弱易受病毒病为害,品质明显下降。

**水分**:乌塌菜喜湿但不耐涝。乌塌菜在种子萌动及绿体植株阶段,均可接受低温感应而完成春化。

 **日常管理**

　　**浇水、翻耙:**乌塌菜根群分布浅,吸收能力弱,生长期间应不断供给水分。在定植初期,浇足缓苗水后,保持盆土见干见湿。幼苗开始发生新叶时应翻耙、除草、疏松土壤,以利根系生长。生长中后期应供给充足的水分,以利于植株根系的伸展发育。浇水切勿过多并应及时倒掉盆中淤积水,否则会造成沤根,并易发生病害。浇水应注意不可用水管直接灌水,需用孔径较细的喷壶淋水。盆土也不宜过干,否则常会导致下位的成熟叶黄化脱落。

　　**施肥:**乌塌菜根群吸收能力弱,生长期间应不断供给肥水。多次追施速效氮肥,是加强乌塌菜生长、保证丰产优质的主要环节,可于市场上直接购买。定植初期,可结合缓苗水追肥一次,促进幼苗发根成活。待幼苗转青后可增加施肥量,每隔5天左右可追肥一次。施肥的原则是幼株天气干热时在早上或傍晚浇施,用量较少,浓度较低;天气冷凉湿润时可加大浓度,次数可相应减少。采收前7天停止追肥。

　　**植株调整:**乌塌菜生长前期,可将花盆紧密排放,既节省空间又方便管理。待植株生长中期,为满足植株生长的需要,可每隔15天左右稀一次盆,以防摆放太密导致下部叶黄化。在第1次定植时即留出空位,以免以后稀盆时费时费工。及时摘除盆中植株老、黄、病叶,增加通风透气性,防止病害的发生。

　　**采收**

　　乌塌菜的采收没有特定标准,可因气候条件、品种特性和食用需要而定。一般播种40~60天后即可整株采收。

### 每 100 克乌塌菜的营养成分

| | |
|---|---|
| 蛋白质 | 2.6 克 |
| 脂肪 | 0.4 克 |
| 膳食纤维 | 1.4 克 |
| 碳水化合物 | 4.2 克 |
| 热量 | 25 千卡 |

| | |
|---|---|
| 维生素 A | 168 微克 |
| 维生素 $B_1$ | 0.06 毫克 |
| 维生素 $B_2$ | 0.11 毫克 |
| 维生素 C | 45 毫克 |
| 维生素 E | 1.16 毫克 |
| 胡萝卜素 | 1 毫克 |
| 烟酸 | 1.1 毫克 |

| | |
|---|---|
| 钾 | 154 毫克 |
| 钠 | 115.5 毫克 |
| 钙 | 186 毫克 |
| 镁 | 24 毫克 |
| 磷 | 53 毫克 |
| 铁 | 3 毫克 |
| 铜 | 0.13 毫克 |
| 锌 | 0.7 毫克 |
| 硒 | 0.5 微克 |

# 五彩樱桃番茄

**科属:** 茄科茄属

**别名:** 袖珍番茄、迷你番茄、圣女果

**适合种植季节:** 春、秋季

**可食用部位:** 浆果

**生长期:** 90~120 天

**采收期:** 定植后 40 天

**常见病虫害:** 灰霉病、蚜虫、白粉虱、日灼病

**易种指数:** ★★★★

**营养功效**

樱桃番茄对患胸膈闷热、喉炎肿痛等人群有益。对软骨、血壁管、韧带和骨的基层部分有增大其动力和伸缩自如能力的作用。还可生津止渴、健胃消食、清热解毒、补血养血和增进食欲。

**食用宜忌**

一般人群皆可食用,尤其适宜婴幼儿、孕产妇、高血压、眼底疾病等患者食用。但是急性肠炎、菌痢等患者不宜食用。不宜与虾、蟹、黄瓜等同食,宜与土豆、芹菜、菜花等同食。

**推荐美食**

小番茄炒鸡丁、田园拌菜、西红柿牛肉汤

　　樱桃番茄原产于南美洲的秘鲁、厄瓜多尔、玻利维亚等地。我国近年从国外引入,目前已遍及全国多数省份和地区,现已成为特大城市蔬菜面积中的主栽品种。我国种植的樱桃番茄种类繁多、颜色形状各异,果实既可作为蔬菜食用,也可作为新鲜的水果鲜食,还可以作为盆景欣赏。

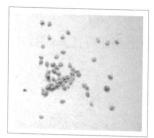

樱桃番茄种子

营养钵育番茄苗

青色(未成熟)樱桃番茄

黄色樱桃番茄

红色樱桃番茄

### 种子处理

用 55℃温水浸种 10~15 分钟,不断搅拌至水温 30℃~35℃,再浸泡 3~4 小时。淘洗、沥干后晾一下,用湿布包好处理后的种子,在 20℃~28℃条件下催芽。每天淋水翻动 1~2 次,露芽后即可播种。如 6~9 月温度较高时播种,也可干籽直播。

### 种植前准备

樱桃番茄需育苗移栽,因此需要准备两个容器,集中育苗的容器大小没有限制,而栽培容器如前所述适宜用直径 45~60 厘米、深度 40 厘米以上的大盆。

育苗土壤可以用以前种过花或种过菜的土壤,但必须经过阳光消毒,以减少土壤中的病菌,并且要整细,以利于出苗。除此之外,育苗土壤还可选择商品基质自行混配,混配比例为蛭石:草炭:有机肥 =3:3:1。

### 播种

樱桃番茄从播种到结果一般需要 2.5~3 个月, 生长最低温度不能低于 18℃。一般情况下 4~8 月播种比较适合。用镊子将种子按密度平放在浇过水的育苗基质或育苗土壤上,注意不能伤到芽,然后种子上覆盖一层细土或基质,若使用细土覆盖则覆盖厚度 0.4 厘米左右即可,若使用基质覆盖,则厚度以 0.8 厘米为宜。若是干籽直播,可用上面的播种方法,也可用镊子将种子按密度插入土壤中,然后用手将孔洞捏实即可。播种后 3~5 天出苗,出苗后视土壤墒情浇水,在阳台种植应及时开窗降温,防止幼苗徒长。

### 移栽

待幼苗在育苗盆中长到具有 3~4 片真叶时,用小铲在苗冠外围垂直向下挖 10 厘米深轻轻将苗子小心取出,一定别伤根,将壮苗移栽于准备好的栽培花盆中或是庭院地块,用土壤将苗坨封严,定植深度与苗坨齐平为宜,然后浇透水。苗距不宜过密。若盆栽移栽时深度以土面与苗坨齐平为宜。

### 对环境条件的要求

**土壤:**樱桃番茄对土壤要求不严格,喜偏酸性土壤。

**光照:**樱桃番茄喜充足的光照。每日达 16 小时的日照最为适宜。

**温度:**喜温暖气候。生长发育的适宜温度为 20℃~28℃,种子发芽期需要温度 25℃~30℃。幼苗期白天温度为 20℃~25℃,夜间为 10℃~15℃。开花坐果期,要求白天温度 20℃~28℃,夜间 15℃~20℃。低于 15℃ 或高于 35℃ 时,植株生长缓慢,温度过高会引起落花落果。果实发育期, 一般白天为24℃~28℃, 夜间为 16℃~20℃,昼夜温差保持在 8℃~10℃。

**水分:**樱桃番茄较耐干旱,要求土壤湿度 60%~80%。空气湿度低于 50% 时,不能正常坐果,但空气湿度过高,容易发生茎叶徒长,病害蔓延。

## 日常管理

**浇水**:植株定植后,应浇足缓苗水并中耕保墒,以后连续中耕 2~3 次,以提高土温,保持土壤水分,促使根系纵深发展,并可控制地上部的营养生长。至开花之前,土壤保持湿润或稍干状况。进入果实膨大期,浇水要适量,不可浇水过多、过勤,以防沤根及叶片黄化、烂叶、落果。进入果实成熟期忌喷水,以防裂果。

**施肥**:进入坐果期之前,以豆渣为主,植株定植后 3~5 天,可结合缓苗水追肥一次。挂果后要及时补充钾肥,以麻酱肥为主, 有条件的在栽培土壤中可埋入草木灰等含钾量比较高的有机物。

**植株调整**:盆栽樱桃番茄用绳子将植株缠绕后系在阳台顶的晾衣架上,也可用竹竿或细棍搭架栽培。在栽培过程中必须及时去掉侧杈,减少营养消耗。有限生长的樱桃番茄植株中上部留强壮侧枝 2 个,如果叶片过细弱,应摘除部分花蕾,以平衡生长和发育情况。无限生长的樱桃番茄多采用单干整枝。但由于盆栽种植土壤面积毕竟有限,因此无论哪种樱桃番茄,一般留 3~4 穗果即可。若庭院栽培,可多留一些,但也不宜过多,影响果实质量。

## 采收

樱桃番茄因糖度高, 完全成熟时采收才能真正体现固有风味和品质。家庭种植可以随成熟随采收,采收时注意保留萼片,从果柄离层处用手采摘。但黄色果可在八成熟时采收,那时采收风味较好。

### 每 100 克樱桃番茄的营养成分

| 成分 | 含量 |
| --- | --- |
| 蛋白质 | 1 克 |
| 脂肪 | 0.2 克 |
| 膳食纤维 | 1.9 克 |
| 碳水化合物 | 5.8 克 |
| 热量 | 22 千卡 |
| 维生素 A | 55 微克 |
| 维生素 B$_1$ | 0.03 毫克 |
| 维生素 B$_2$ | 0.02 毫克 |
| 维生素 C | 33 毫克 |
| 维生素 E | 0.98 毫克 |
| 胡萝卜素 | 0.3 毫克 |
| 钾 | 262 毫克 |
| 钠 | 10 毫克 |
| 钙 | 6 毫克 |
| 镁 | 12 毫克 |
| 磷 | 26 毫克 |
| 铁 | 0.3 毫克 |
| 铜 | 0.04 毫克 |
| 锌 | 0.2 毫克 |
| 硒 | 0.2 微克 |

# 迷你南瓜

**科属:**葫芦科南瓜属

**别名:**玩具南瓜、观赏南瓜

**适合种植季节:**春、夏季

**可食用部位:**果实

**生长期:**120~140 天

**采收期:**授粉后 40 天

**常见病虫害:**病毒病、白粉病、白粉虱

**易种指数:**★★★

## 营养功效

迷你南瓜的营养功效同南瓜。经常食用可补中益气、解毒杀虫、降糖降压。南瓜还可以预防食管癌和胃癌,对防止结肠癌也有一定效果。还可以保护胃黏膜。

## 食用宜忌

一般人群皆可食用,素体胃热盛者少食,气滞中满者慎食,服用中药期间不宜食用。宜与绿豆、猪肉、山药等同食,不宜与辣椒、羊肉、虾、鲤鱼等同食。

## 推荐美食

南瓜饼、南瓜粥、土豆炖南瓜

迷你南瓜种子与南瓜种子类似,还可以炒食,味道及营养都不错

迷你南瓜为一年生蔓生草本植物。目前我国栽培品种繁多,多数品种以观赏为主,部分品种既有观赏价值又有食用价值,适合家庭盆栽。

嫩果时可在瓜表皮上刻字，待老熟后晒干，有欣赏、留念的价值

### 种子处理

迷你南瓜的种皮较厚，播种前要浸种催芽。用 50℃~55℃的温水浸种 10~15 分钟后，取出用清水浸种 3~4 小时，捞起后用干净的湿布包好置于 25℃~30℃的条件下催芽，催芽期间要注意每天用温水冲洗 2 次，把附着在种子上的

黏液冲掉。待种子露白时播种。

### 🖋 种植前准备

适宜用盆栽与箱式栽培，容器规格应根据不同品种植株高矮选择。迷你南瓜同样需要育苗移栽，可先用一个盆集中育苗。待幼苗移栽时，还需准备盆栽栽培基质，最好使用经过阳光消毒的老土。盆的选择应以通风透气性较好的瓦盆为佳，并附有底碟，防止浇水时渗出。

### 🌱 播种和培育

家庭种植播种时间 3~9 月。育苗时每 25 平方厘米播种 1 粒种子。出苗期温度为 25℃~30℃，若播种时气温稍低，可在育苗容器外覆盖一层塑料，即用家里废旧塑料袋倒着套在容器外。播种后一般 3 天出苗，出苗后视土壤湿度情况，定期浇水，见干见湿，不宜小水勤浇。

待幼苗在育苗盆中长到具有 5~6 片真叶时，将壮苗移栽于准备好的栽培花盆中，用土壤将苗坨封严，定植深度与苗坨齐平为宜，然后浇透水。直径 40 厘米以上的盆可并排定植两株。

### ☀ 对环境条件的要求

**土壤:** 对土壤要求不严，沙壤土、黏壤土及南方的石灰质土均可种植，但以肥沃、湿润、排水良好的土壤为好。

**光照:** 迷你南瓜为喜光植物。

**温度:** 迷你南瓜喜温，耐高温能力较强。生长适温 18℃~32℃，开花和果实生长要求温度高于 15℃，果实发育的适温为 22℃~27℃，在低温条件下有利于雌花的形成，但长期低于 10℃ 或高于 35℃ 时则发育不良。

## 每 100 克迷你南瓜的营养成分

| 成分 | 含量 |
|---|---|
| 蛋白质 | 0.7 克 |
| 脂肪 | 0.1 克 |
| 膳食纤维 | 0.8 克 |
| 碳水化合物 | 5.3 克 |
| 热量 | 22 千卡 |
| 维生素 A | 148 微克 |
| 维生素 $B_1$ | 0.03 毫克 |
| 维生素 $B_2$ | 0.04 毫克 |
| 维生素 C | 8 毫克 |
| 维生素 E | 0.36 毫克 |
| 胡萝卜素 | 890 微克 |
| 烟酸 | 0.4 毫克 |
| 钾 | 145 毫克 |
| 钠 | 0.8 毫克 |
| 钙 | 16 毫克 |
| 镁 | 8 毫克 |
| 磷 | 24 毫克 |
| 铁 | 0.4 毫克 |
| 铜 | 0.03 毫克 |
| 锌 | 0.14 毫克 |
| 硒 | 0.46 微克 |

**水分**：迷你南瓜根系发达，吸水能力强，抗旱能力强，但不耐涝，因此，遇雨涝天必须及时排水。

## 日常管理

**浇水、中耕**：迷你南瓜浇足缓苗水后，应保持盆内土壤湿润，生长盛期及开花结果后需水较多，要保证充分的水分供应。适时培土，及时中耕除草，疏松盆土，以促进根系生长。

**施肥**：迷你南瓜是需肥量较大的植物，结果前期每周可施用一次肥料，家庭自制的肥料均可，进入结果期，每 5 天施一次肥，这时肥料以麻酱饼肥、豆渣、草木灰等肥料为主。注意不能在太近基部施肥，否则引起烧根，施后淋水。

**植株调整**：为了便于生长前期管理，花盆可紧密排放。待植株长到一定大小相互挤压时，应相应增大盆钵间距，生长周期内可根据植株情况排放 2~3 次。当苗生长到 25~30 厘米高时，应及时插竹竿或铁丝架引它向上生长，每盆使用 4 根竹竿，将南瓜茎蔓在竹竿外侧盘旋向上绑蔓。为使观赏效果极尽美观，可将竹竿漆成绿色并辅以绿色细丝绳进行缠绑。1 米以下的侧蔓要及时全部摘除，以免消耗营养，影响开花结果。栽培过程中应及时摘除有病斑、黄化的叶片，并且尽量增加光照、经常通风换气。

**人工授粉**：南瓜是雌雄同株异花作物，而且南瓜开花期遇高温或多雨，易发生授粉不良，不易坐果，应当进行人工辅助授粉，以提高坐果率。人工授粉宜在早上进行，采摘刚开放的雄花，除去花冠，把花粉轻涂抹在雌花柱头上。

## 采收

可采收食用品种的幼果，也可等果实陆续成熟后作为盆景欣赏。

# 四季豆

**科属:**豆科扁豆属

**别名:**菜豆、小刀豆、鹊豆等

**适合种植季节:**春、夏、秋季

**可食用部位:**豆荚

**生长期:**120天以上

**采收期:**开花后 10 天

**常见病虫害:**枯萎病、锈病、炭疽病、豆螟

**易种指数:**★★★★

**营养功效**

四季豆有丰富的维生素C和铁,常用对缺铁性贫血有益处。四季豆对食少便溏、脾虚兼湿也有一定作用。四季豆富含蛋白质和人体所需的多种氨基酸,经常食用可健脾胃,夏季食用还有消暑功效。四季豆还有大量维生素K,故有强健骨骼的作用。

**食用宜忌**

一般人群皆可食用,但不适宜腹胀者。四季豆在烹调前应将豆筋摘除,否则既影响口感,又不易消化。烹煮时间宜长不宜短,要保证四季豆熟透,否则会发生中毒,可用沸水焯透或热油煸,直至变色熟透,方可安全食用。宜与干香菇同食,食用时不宜加醋。

**推荐美食**

干煸豆角、干锅茄子豆角、豆角炒肉丝

　　四季豆原产于印度尼西亚,15 世纪初引入我国。四季豆按荚果结构分为硬荚菜豆(荚果内果皮革质发达)和软荚菜豆(嫩荚果肥厚少纤维);按用途分为荚用种和粒用种。

## 种子处理

　　播种前将四季豆种子在太阳下暴晒 2~3 天, 然后用 55℃水浸种 15~20 分

四季豆种子

四季豆搭架引蔓

四季豆开花

钟（期间要不停搅拌），再置室温下浸种 24 小时，以提高种子发芽率。

### 种植前准备

四季豆一般采用穴播的方法。若盆栽容器宜选深度在 15 厘米以上，直径在 20 厘米以上为好。基质可以用以前种过花或种过菜的土壤，但必须经过阳光消毒，以减少土壤中的病菌，并且要整细，以利于出苗。

### 播种

播种前浇透水，及时定植，每穴 3~4 粒种子。下种后覆盖一层细土，然后覆盖塑料膜保湿保温。

### 对环境条件的要求

温度：四季豆为喜温植物。生长适宜温度为 15℃~25℃，开花结荚适温为

20℃~25℃,10℃以下低温或 30℃以上高温会影响生长和正常授粉结荚。

**光照:**属短日照植物,但多数品种对日照长短的要求不严格,栽培季节主要受温度的制约。

**土壤:**对土壤要求不严格,以 pH 值 5.5~7 的壤土或沙壤土为宜。排水良好、土质疏松、有机质多的土壤有利于根系生长和根瘤形成。忌连作。

### 日常管理

**查苗补缺:**播种出苗后要及时进行查苗补苗,每隔 3 天进行一次。真叶展开后至第一片复叶展开前进行间苗,每穴留 2~3 苗。留大苗、壮苗,保全苗。

**搭架引蔓:**当蔓长 25~30 厘米时每株周围插入竹竿 2 根,交叉搭成"人"字形架,架高 2.5 米以上,及时引蔓上架。

**水肥管理:**水肥管理应根据苗情进行,原则是"干花湿荚"、"前控后促",花前少施、花后多施、结荚期重施,对幼苗应酌情用尿素兑水进行穴施,7~10 天一次,共施 2~3 次。结荚后根据墒情浇水,并保持土壤湿润。每半个月追施一次尿素(每平方米 10 克左右),同时可喷施叶面肥磷酸二氢钾。结荚后期,植株进入衰老期,及时清除植株下部病、老、残叶,以减少养分消耗,改善通风透光条件,同时继续加强肥水管理和叶面施肥,以促进潜伏芽发育成结果枝。在整个田间管理过程中,畦内不可积水,土壤保持湿润即可。

### 采收

四季豆生长很快,一般花后 10 天即可采收,每隔 1~2 天采收一次,若不及时采收,品质下降,豆荚纤维增加,豆老,食用效果差。

## 每 100 克四季豆的营养成分

| 成分 | 含量 |
|---|---|
| 蛋白质 | 1.9 克 |
| 脂肪 | 0.3 克 |
| 膳食纤维 | 1.9 克 |
| 碳水化合物 | 5.3 克 |
| 热量 | 28 千卡 |
| 维生素 A | 35 微克 |
| 维生素 B₁ | 0.04 毫克 |
| 维生素 B₂ | 0.07 毫克 |
| 维生素 C | 6 毫克 |
| 维生素 E | 1.24 毫克 |
| 胡萝卜素 | 210 微克 |
| 叶酸 | 27.7 微克 |
| 烟酸 | 0.4 毫克 |
| 钾 | 123 毫克 |
| 钠 | 8.6 毫克 |
| 钙 | 42 毫克 |
| 镁 | 27 毫克 |
| 磷 | 51 毫克 |
| 铁 | 1.5 毫克 |
| 铜 | 0.11 毫克 |
| 锌 | 0.23 毫克 |
| 硒 | 0.43 微克 |

# 球茎茴香

外表长得像洋葱

**科属**：伞形花科茴香属
**别名**：意大利茴香、甜茴香
**适合种植季节**：秋季
**可食用部位**：整株
**生长期**：150~170 天
**采收期**：定植后 90 天
**常见病虫害**：灰霉病、软腐病
**易种指数**：★ ★

**营养功效**
球茎茴香的茎叶中含有茴香脑，其有健胃、促进食欲、祛风邪等作用。球茎茴香含高钾低钠盐、黄酮苷、茴香苷；果实含丰富的芳香挥发油，可健胃散寒。

**食用宜忌**
一般人群皆可食用，但一次不宜食用过多。胃肠消化不良者、儿童体弱者等尤为适用。

**推荐美食**
球茎茴香炒肉、酸辣茴香火腿、凉拌球茎茴香

　　球茎茴香原产意大利南部，现主要分布在地中海沿岸地区。20 世纪 60 年代引入我国。球茎茴香与我国种植近 2000 年的小茴香是同一种植物，只是球茎茴香的叶鞘基部膨大、相互抱合形成一个扁球形或圆球形的球茎。球茎茴香膨大肥厚的叶鞘部鲜嫩质脆，味道清甜，具有比小茴香略淡的清香，可凉拌生食，也可配肉食。

## 种子处理

　　球茎茴香出苗慢，持续时间长，需要先浸种催芽，经过浸种催芽后的种子出苗快而且整齐。其方法为：播种前将种子用凉水浸种 20~24 小时，捞出后置于

阴凉的地方（20℃左右）催芽，每天用清水清洗一次种子，经 4~5 天有 70%~80%种子露白，即可播种。

### 播种

适宜播种期在 8 月，最迟不能迟于 9 月上旬。球茎茴香不宜早播，过早正值高温季节，易诱发病毒病；但也不宜过迟，过迟气温下降，影响球茎形成。播种前浇透底水，接着将开始出苗的种子均匀地撒在土中，然后覆盖 0.5~1.0 厘米厚过筛细土，遮阴防晒、保湿。

### 苗期管理

苗期要防止强光暴晒。出苗前保持土壤或基质湿润，出苗后浇一次小水，水渗后铺上一层细土，以便保水并弥严土缝。当幼苗长出 1~2 片真叶时进行一次分苗，在分苗的过程中要淘汰弱苗、小苗。苗期温度过高、光照过强、湿度过大都不利于幼苗的生长，容易造成徒长、细弱、黄叶、黄根，甚至烂根，且容易发生病害。因此，秋冬茬球茎茴香育苗期间要特别注意保湿和通风降温。除此之外，苗期还应注意防治蚜虫和猝倒病的发生。

### 对环境条件的要求

球茎茴香喜冷凉的气候条件，但适应性广泛，耐寒、耐热力均强，种子发芽的适宜温度为 16℃~23℃，生长适温 15℃~20℃，超过 28℃时则生长不良。

### 定植

当苗高 10~15 厘米、真叶 3~4 片、苗龄 30 天左右时定植。起苗前要在育苗花盆中浇透水，带土坨定植。定植时，尽量将叶鞘基部膨大的方向与栽植行的方向呈 45 度角，以增加受光面积。定植深度 2.0~2.5 厘米，以不埋住心叶为宜。种植后及时浇足定根水。

## 日常管理

定植后缓苗前,温度控制在 20℃~30℃,缓苗后控制在 18℃~20℃,夜间 10℃~13℃。球茎茴香属于浅根性蔬菜,因此在中耕除草时,要注意浅除,以免碰伤根部。每次中耕除草的同时还应注意及时打去叶腋处侧芽,保证主茎球的质量。定植后,在浇足定植水的基础上,缓苗前还需再浇水 1~2 次,然后进行中耕、蹲苗 7~10 天,待苗高 25~30 厘米时,球茎茴香开始进入生长旺盛期,进行第 1 次追肥。球茎开始膨大期和球茎迅速膨大期分别追肥,可以购买商品液肥,结合浇水进行。浇水应根据植株生长情况而定,一般球茎膨大前期宜少浇水,防止叶片徒长,球茎膨大期要适当加大浇水量,促进球茎的生长。膨大期浇水要注意均匀,始终保持生长环境的湿润条件,防止忽干忽湿而造成球茎外层的爆裂,致使球茎质量下降,并增加了病菌侵入的机会。

## 采收

当球茎停止膨大、外面鳞茎呈现白色或黄白色即可采收。过早采收球茎尚未充分膨大,影响产量;过晚采收球茎纤维增多,质量下降。

### 每 100 克球茎茴香的营养成分

| 主要营养素 | | 主要维生素 | | 矿物质 | |
|---|---|---|---|---|---|
| 蛋白质 | 1.2 克 | 维生素 A | 1 微克 | 钾 | 24 毫克 |
| 膳食纤维 | 3.3 克 | 维生素 $B_1$ | 0.03 毫克 | 钠 | 90.5 毫克 |
| 碳水化合物 | 4.7 克 | 维生素 $B_2$ | 0.06 毫克 | 钙 | 76 毫克 |
| 热量 | 10 千卡 | 维生素 C | 3 毫克 | 镁 | 23 毫克 |
| | | 烟酸 | 0.2 毫克 | 磷 | 35 毫克 |
| | | 胡萝卜素 | 6 微克 | 铁 | 0.4 毫克 |
| | | | | 铜 | 0.09 毫克 |
| | | | | 锌 | 0.18 毫克 |
| | | | | 锰 | 0.12 毫克 |

"瘦小细长"的豆角

# 豇豆

**科属:**蝶形花科豇豆属
**别名:**豆角、带豆
**适合种植季节:**春、秋季
**可食用部位:**豆荚
**生长期:**90~180 天
**采收期:**开花后 11 天
**常见病虫害:**锈病、斑潜蝇
**易种指数:**★★★★☆

**营养功效**
豇豆能使人头脑宁静,调理消化系统,消除胸膈胀满。还可防治急性肠胃炎、呕吐腹泻等。因其所含的维生素C能促进抗体合成,故能提高机体免疫力。

**食用宜忌**
一般人群皆可食用。但要记住食用生豇豆或未炒熟的豇豆容易引起中毒,所以食用时一定要充分加热煮熟,或急火加热10分钟以上,以保证熟透。女性多白带者,皮肤瘙痒、急性肠炎者更适合食用,同时适宜食欲不振者食用;不适宜腹胀者食用。宜与冬瓜、鸡肉同食。

**推荐美食**
豇豆红烧肉、肉末豇豆、鱼香豇豆、酱炒豇豆

豇豆原产于中南美洲,17 世纪引入欧洲,后引入我国。其嫩荚成熟较早,故可为初夏填补蔬菜。

## 种子处理

豇豆喜温怕霜,在盛夏炎热时又结果不良。家庭栽培分春植和秋植两季。可在播种前浸种催芽,以促发芽整齐、减少出芽时间。可于 4 月上中旬温度回

豇豆种子

豇豆出土

豇豆幼苗

豇豆开花

豇豆开花11~13天，豆荚饱满，但种子
形状尚未显露，即可采收食用了

升后直播。直播的土壤要湿度适宜。可覆盖塑料膜保温保湿,待有 70%幼苗顶土时撤除覆盖物。

### 🪴 定植

豇豆盆栽及庭院种植均可。忌连作,前茬宜选择为茄果类或瓜类蔬菜的土壤。精细整地并浇足底水。庭院种植土壤整细、耙平后,做高垄或小高畦定植。温度低时,还可于畦上覆盖地膜。一般在幼苗三叶一心时间苗,以苗间距 25~30 厘米为宜,留 1 株健壮幼苗继续栽培。

### ☀ 对环境条件的要求

**土壤:**豇豆对土壤要求严格,以富含腐殖质、深厚且排水良的沙壤土为宜。

**温度:**豇豆喜温怕冷,8℃~10℃开始发芽,种子发芽适宜温度为 25℃~28℃,植株生长适温为 18℃~30℃,以 25℃为最佳,32℃以上即授粉不良而落花。

**光照:**豇豆为短日照植物,对日照时数要求不严格,但对光照强度要求较严格。

**水分:**豇豆耐干旱性也较强,但开花结果期要求水分充足,否则高温干燥,豇豆品质会变差。生长期间水分也不宜过多,容易引起病害,保持土壤见干见湿即可。

### 🫗 日常管理

**施肥:**豇豆前期不宜多施肥,防止肥水过多,引起徒长。成活后浇一次肥水,当植株开花结荚以后,一般追肥 2~3 次。豆荚盛收期,应增加肥水,此时如缺肥缺水,就会落花落荚。追肥可选择自制或购买,并配合淋水进行。

**中耕除草:**生长季要及时中耕除草,摘除老、病、黄叶。

**浇水:**豇豆开花结果期要保证水分充足。生长期间水分也不宜过多,保持土壤见干见湿即可。大雨后要及时排水防涝，以免沤根或引起病害。

**植株整理**：豇豆抽蔓后要及时搭架，架高 2.0~2.5 米，搭好架后要及时引蔓，引蔓要在晴天下午进行，不要在雨天或早晨进行，以防折断。合理整枝，使茎蔓均匀分布，提高光能利用率。利用主蔓和侧蔓结荚，增加花序数及其结荚率，延长采收期。此外，适当选留侧蔓，摘除生长弱和迟发生第一花序的侧蔓，选留生长健壮发生第一花序早的侧蔓，其中在主蔓中部以上长出的侧蔓，抽出第一花序后留 4~5 叶打顶，以增加花序数；主蔓长至棚架顶部，蔓长 2 米左右时也可打顶。

## 采收

当豇豆嫩荚已饱满，而种子痕迹尚未显露时，为采收适期，一般自开花后 11 天。采收时，不要伤及花序上的其他花蕾。

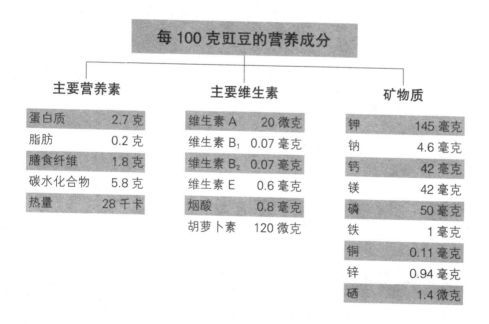

### 每 100 克豇豆的营养成分

| 主要营养素 | | 主要维生素 | | 矿物质 | |
| --- | --- | --- | --- | --- | --- |
| 蛋白质 | 2.7 克 | 维生素 A | 20 微克 | 钾 | 145 毫克 |
| 脂肪 | 0.2 克 | 维生素 $B_1$ | 0.07 毫克 | 钠 | 4.6 毫克 |
| 膳食纤维 | 1.8 克 | 维生素 $B_2$ | 0.07 毫克 | 钙 | 42 毫克 |
| 碳水化合物 | 5.8 克 | 维生素 E | 0.6 毫克 | 镁 | 42 毫克 |
| 热量 | 28 千卡 | 烟酸 | 0.8 毫克 | 磷 | 50 毫克 |
| | | 胡萝卜素 | 120 微克 | 铁 | 1 毫克 |
| | | | | 铜 | 0.11 毫克 |
| | | | | 锌 | 0.94 毫克 |
| | | | | 硒 | 1.4 微克 |

# 菜花

科属:十字花科芸薹属

别名:花椰菜、花菜

适合种植季节:春、秋季

可食用部位:花

生长期:60~100天

采收期:定植后50~70天

常见病虫害:黑腐病、菜蛾

易种指数:★★★

**营养功效**

菜花对保护血液有益,儿童食用有利健康成长。菜花最显著的就是具有防癌抗癌的功效,菜花含维生素C较多,比大白菜、番茄、芹菜都高,尤其是在防治胃癌、乳腺癌方面效果尤佳。另外,菜花还可增强机体免疫功能,促进肝脏解毒,增强人的体质和抗病能力等。

**食用宜忌**

一般人群皆可食用,但不宜一次食用太多,尤其适宜中老年人、儿童和脾胃虚弱、消化功能不强者食用。尿路结石和甲状腺功能低下者不宜食。菜花宜与牛肉、番茄同吃,不宜与猪肝、黄瓜同吃。

**推荐美食**

豆豉菜花炒虾球、蒜香菜花汤、菜花拌木耳、清炒菜花、菜花西红柿炒肉

菜花原产于地中海东部海岸,约在19世纪初引入我国。常见菜花有白、绿两种,近年又增加了橙色和紫色菜花。

## 🥜 种子处理

菜花春秋季节均可播种栽植,适合庭院或是大的栽培槽种植。菜花一般均

菜花子叶

菜花苗期

菜花成熟期

菜花结球期

采用育苗移栽的方式，播前进行种子处理，将菜花种子放在30℃~40℃的水中进行搅拌浸种15分钟，然后在室温的水中浸泡5小时左右，再用清水淘洗干净，放置在25℃条件下保湿催芽。一般经2天即可出芽。

## 播种

播前先浇足底水，然后每平方米床土上撒 10 千克药土，接着进行播种，一般每平方米播种量为 10 克左右。播后每平方米再覆 5 千克药土，其上再覆盖 0.5 厘米厚的细土，最后覆盖地膜保湿。

## 定植

菜花定植前要深翻土地。不宜选择前茬作物为十字花科的地块继续种植。耕前需施足基肥。整平作畦，使土壤与肥料均匀混合，畦平整。可根据实际情况适期定植，但以小苗定植为宜。一般在幼苗 5~6 叶一心时带坨定植，注意别伤根，将壮苗移栽于准备好的地块中。每穴 1 株，株距 40~45 厘米，用土壤将苗坨封严，定植深度以苗坨高于栽培土面 0.2 厘米为宜，然后浇透水。

## 对环境条件的要求

**土壤：**对土壤的适应性强，但以有机质高、土层深厚的沙壤土最好。适宜的土壤酸碱度 pH 值为 5.5~6.6。耐盐性强，在食盐量为 0.3%~0.5% 的土壤上仍能正常生长。

**温度：**菜花 0℃以下易受冻害，25℃以上形成花球困难。叶丛生长与抽薹开花要求温暖，适温 20℃~25℃。花球形成要经过低温春化阶段。

**光照和湿度：**菜花对光照条件要求不严格，而对水分要求比较严格，既不耐涝又不耐旱。要求土壤湿度 70%~80%、空气相对湿度 80%~90%最为适宜。

## 日常管理

**浇水：**菜花定植后，应及时浇足定植水，然后蹲苗。当花球直径达 2~3 厘米时结束蹲苗，此后视生长情况，可每隔 7~10 天浇水一次。

**施肥：**生长期间应适当追肥，早熟品种应及早追肥；中熟品种在定植缓苗后追肥一次，促叶丛生长，花球初现应重施追肥。晚熟品种生长期长，追肥次数可稍增加,花球初现时,内层叶色较淡,可作为施用花球肥的标志。

**保护花球:**生育期内还要经常保持土壤湿润,及时灌溉排水,中耕除草。花球成熟前,须用老叶遮覆球面,保护花球,增进花球洁度。有霜冻地区,将内层叶束住,可防花球受冻。

## 采收

菜花从显花球到成熟需 16~20 天,花球基本长足时应及时采收。采收过晚会出现散花球的现象。采收时宜带几片嫩叶,保护花球不受机械损伤和污染。

## 每 100 克菜花的营养成分

### 主要营养素

| | |
|---|---|
| 蛋白质 | 2.1 克 |
| 脂肪 | 0.2 克 |
| 膳食纤维 | 1.2 克 |
| 碳水化合物 | 4.6 克 |
| 热量 | 24 千卡 |

### 主要维生素

| | |
|---|---|
| 维生素 A | 5 微克 |
| 维生素 $B_1$ | 0.03 毫克 |
| 维生素 $B_2$ | 0.08 毫克 |
| 维生素 C | 61 毫克 |
| 维生素 E | 0.43 毫克 |
| 烟酸 | 0.6 毫克 |
| 胡萝卜素 | 30 微克 |
| 叶酸 | 13.5 微克 |

### 矿物质

| | |
|---|---|
| 钾 | 200 毫克 |
| 钠 | 31 毫克 |
| 钙 | 23 毫克 |
| 镁 | 18 毫克 |
| 磷 | 47 毫克 |
| 铁 | 1.1 毫克 |
| 铜 | 0.05 毫克 |
| 锌 | 0.38 毫克 |
| 硒 | 0.73 微克 |

# 紫背天葵

**科属:**菊科土三七属

**别名:**血皮菜、观音菜、红背菜、红凤菜

**适合种植季节:**春、秋季

**可食用部位:**嫩茎叶

**生长期:**60 天以上

**采收期:**定植后 20~30 天

**常见病虫害:**霜霉病、蚜虫

**易种指数:**★ ★ ★ ☆

## 营养功效

经常饮用紫背天葵蔬菜汁可增强儿童记忆力,以此来补充儿童厌菜的不足。老年人饮用可防止思维衰退,增强抵抗力,缓解肾、胆等方面的疾病。另外,紫背天葵本身就是药食同源的植物,其具有活血止血、解毒消肿,减少血管性紫癜,提高抗寄生虫和抗病毒能力等功效,对肿瘤也有一定的防效。

## 食用宜忌

一般人群皆可食用,但体质寒凉虚弱的人慎食。

## 推荐美食

素炒紫背天葵、紫背天葵滑肝尖

　　紫背天葵原产于我国的四川、台湾等南部地区。因其营养价值较高并具有药用价值,故在我国有较长的蔬菜栽培历史。

　　紫背天葵的嫩茎、叶均可食用。可凉拌、做汤,也可以炒食,其柔嫩滑爽,别有一番风味。现在人们还常将紫背天葵作为原料添加到传统食品或饮料中,经过简

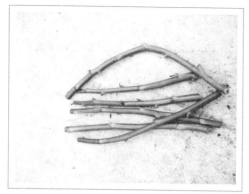

紫背天葵的插条

扦插的紫背天葵苗

盆栽的紫背天葵

紫背天葵采收嫩叶

单配伍、浸制等手段加工成传统食品或饮品,如糕点、风味雪糕、茶等。还可将紫背天葵压榨,制成蔬菜汁。

### 种植前准备

紫背天葵可盆栽或箱栽,宜选疏松、透气、重量轻、易于搬动的基质,也可用园田老土。基质的主要成分为80%草炭和20%疏松园土,在配好的基质中每立方

## 每100克紫背天葵的营养成分

| | |
|---|---|
| 蛋白质 | 1.9 克 |
| 脂肪 | 0.18 克 |
| 膳食纤维 | 2.6 克 |
| 碳水化合物 | 3.8 克 |
| 热量 | 12 千卡 |

| | |
|---|---|
| 维生素 A | 308 微克 |
| 维生素 B$_1$ | 0.05 毫克 |
| 维生素 B$_2$ | 0.08 毫克 |
| 维生素 C | 3 毫克 |
| 维生素 E | 0.2 毫克 |
| 胡萝卜素 | 1.8 毫克 |

| | |
|---|---|
| 钾 | 367 毫克 |
| 钠 | 19.3 毫克 |
| 钙 | 69 毫克 |
| 镁 | 72 毫克 |
| 磷 | 31 毫克 |
| 铁 | 0.8 毫克 |
| 铜 | 0.09 毫克 |
| 锌 | 0.37 毫克 |
| 硒 | 0.92 微克 |

米加复合肥5千克,混合均匀。此外,为增加基质的美观,可用珍珠岩、陶瓷土等覆盖。盆的选择应以通风透气性较好的瓦盆为佳,并附有底碟,防止浇水时渗出,影响环境及观赏效果。

### 育苗

紫背天葵的茎节部易生不定根,目前一般采用扦插的方法繁殖。选择无病虫害、茎秆紫绿色的健壮植株用作种株,摘掉残叶和老、黄叶片。去除种株顶梢的柔嫩部分和基部老化部分,取中部健壮的茎秆,截成长6~8厘米的茎段,下端削成斜口,即可扦插。用比较浅、口比较大的盆,装入10厘米厚的细沙或蛭石,浇透水,待水渗下后,将处理过的种株插入细沙或蛭石中即可,插入深度为3厘米,约15天后可生根。

### 移植

紫背天葵扦插成活后即可带土移植,枝条入土约2/3,浇透水,遮阴,于花盆或箱子上盖上塑料薄膜以保温保湿(温度保持20℃)。

### 对环境条件的要求

**土壤:** 紫背天葵对土壤要求不严格。适宜pH值为5.5~6.5。

**光照:** 紫背天葵喜强光照,若光照不足则生长细弱,全年日照时数需1700~2000小时。在半阴处也可以开花。

**温度:** 紫背天葵喜冷凉气候,要求全年日均气温15℃~19℃,最高气温低于39℃,最低气温高于-5℃均能生长。适宜根状茎萌发的日均气温为8℃~22℃,嫩茎生长最适宜温度为日平均20℃~28℃。30℃以上其茎秆木质化速度加快,30℃以上或8℃以下生长缓慢。茎、根可露地越冬,温度适宜,可周年生长,无明显休眠期。

**水分**:全年供水量1300~2100毫米均可生长。其根部耐旱,在夏季高温干旱条件下不易死亡。

### 日常管理

**翻耙、浇水**:植株浇足缓苗水后,每次浇水量不宜过大,以小水勤浇为好,保持土壤见干见湿。浇水切勿过多,否则会造成沤根,并易生真菌性病害。高温干燥期间,一定要及时浇水。植株生长期间应及时翻耙松土2~3次,以提高地温,促进根系生长。随时防除花盆内杂草,促进植株通风,减少病虫害发生的概率。

**施肥**:植株定植后3~5天,可结合缓苗水追肥一次。以后每10~15天可施肥一次。开始采收后,每采收一次追肥一次。前面讲述过的肥料均可使用。

### 采收

紫背天葵种植20~30天后随植株的生长即可陆续采摘嫩茎尖,适宜的采摘长度为15厘米左右,尖端具有5~6个叶片。每一次采收时,在茎基部留2~3节叶片,使新发生的嫩茎略呈匍匐状,10~15天后,又可进行第2次采收。从第2次采收起,茎的基部只留一节,这样可控制植株的高度和株型。

# 白背三七

**科属:**菊科三七草属
**别名:**神仙草、降糖草
**扦插繁育月份:**春、夏、秋季
**可食用部位:**嫩茎叶
**生长期:**周年生长
**采收期:**周年采收
**常见病虫害:**疫病、病毒病
**易种指数:**★★☆

### 营养功效

白背三七的根、茎、叶均可入药。其根具有清热凉血、散瘀消肿的功效,其茎叶具有清热、舒筋、止血、祛痰的功效。其茎叶中含有大量的藻胶素、甘露醇及多种氨基酸等营养元素,具有极强的降血压、降血脂、抑制糖尿病的功效,其中的多糖类成分和总黄酮成分的主要药力作用就是降血糖。民间以白背三七地上部分作为食药两用,广泛用于治疗高血压病、高脂血症及糖尿病等。

### 食用宜忌

一般人群皆可食用。孕妇禁用。

### 推荐美食

蒜香白背三七、凉拌白背三七

白背三七为多年生宿根草本植物。分布于我国台湾至华南、西南一带,现已被广大消费者所接受,是一种适于家庭种植的名优特保健蔬菜。

刚扦插的白背三七苗

白背三七苗

塑料盆栽白背三七

白背三七开花

白背三七采收嫩叶

### 扦插繁殖

可盆栽、箱栽或是庭院种植。白背三七的茎节部易生不定根,可扦插育苗。选择无病虫害的健壮植株去除其顶梢的柔嫩部分和基部老化部分,取中部枝条,截成长10~15厘米的茎段,去除基部叶片,下端削成斜口,即可扦插。盆栽可用比较浅、口比较大的盆,装入10厘米厚的细沙或蛭石,提前浇透水,将枝条插入细沙或蛭石中,插入深度为插条的1/2,插后保持土壤湿润,20天后便可成活生根。

### 定植

要注意控制水分,保持育苗花盆盆土湿润,但浇水不能过量,以防烂根。扦插苗长至高8~12厘米、茎粗0.3~0.5厘米、具3~6片真叶、苗龄15~20天时即可带土定植,定植后浇透水,缓苗期应当遮阴。

### 对环境条件的要求

**土壤:** 白背三七对土壤要求不严格,适宜的土壤pH值为5.0~6.5,黄壤、沙壤、红壤土均可种植,具有较强的抗逆性。

**光照:** 喜光照,也耐阴。在半遮阴环境条件下营养生长好。

**温度:** 白背三七耐热喜湿,又能耐寒、耐旱。生长适温20℃~30℃,能忍受3℃的低温,再生能力强。嫩茎生长最适宜温度为日平均20℃~28℃。温度适宜,可周年生长,无明显休眠期。冬季可搬到室内。

### 日常管理

**中耕、浇水:** 其根部耐旱,植株浇足缓苗水后,每次浇水量不宜过大,以小水勤浇为好,保持土壤见干见湿。高温干燥期间,一定要及时浇水。植株生长期间应及时翻耙松土2~3次,随时拔除杂草,促进植株通风,减少病虫害发生的概率。

**施肥:** 结合浇水追肥。以后每10~15天可施肥一次。开始采收后,每采收一次追肥一次。家庭自制肥料均可使用。

采收

　　白背三七种植30天后即可陆续采摘嫩茎尖,摘取长10~20厘米、具5~6片嫩叶的嫩梢作为产品,每次采收后会从叶腋长出新梢,10~15天后,又可进行下一次采收。采收后茎的基部只留一节,这样可控制植株的高度和株型。

## 每100克白背三七的营养成分

### 主要营养素

| | |
|---|---|
| 蛋白质 | 2.1 克 |
| 脂肪 | 0.7 克 |
| 膳食纤维 | 1.5 克 |
| 碳水化合物 | 9 克 |
| 热量 | 45 千卡 |

### 主要维生素

| | |
|---|---|
| 维生素 A | 423 微克 |
| 维生素 $B_1$ | 0.05 毫克 |
| 维生素 $B_2$ | 0.07 毫克 |
| 维生素 C | 90 毫克 |
| 胡萝卜素 | 2.5 微克 |
| 烟酸 | 0.9 毫克 |

### 矿物质

| | |
|---|---|
| 钙 | 315 毫克 |
| 磷 | 39 毫克 |
| 铁 | 3.2 毫克 |
| 锌 | 0.22 毫克 |

# 叶用枸杞

**科属**:茄科枸杞属
**别名**:枸杞菜、天精草
**扦插繁育月份**:春、夏、秋季
**可食用部位**:嫩茎叶
**生长期**:周年生长
**采收期**:周年采收
**常见病虫害**:蚜虫
**易种指数**:★★★

**营养功效**

枸杞叶富含甜菜碱(一种强壮剂)、芦丁、蛋白质,以及多种氨基酸和微量元素等,具有滋阴壮阳、养颜美容、清肝明目、清热润燥、解暑降压、提高人体免疫力等作用,是理想的药食同源类保健特菜。

**食用宜忌**

一般人群皆可食用,但大便滑泄者不宜食用。切记枸杞不能与乳酪同食。

**推荐美食**

枸杞炒猪心、枸杞炒里脊片、枸杞蚌肉汤、凉拌枸杞头、枸杞头烧豆腐

扦插育苗

叶用枸杞原产于我国,为多年生落叶小灌木,与枸杞最大的不同是叶用枸杞的叶片较大,以嫩茎间和叶片供蔬菜食用。家庭种植既可观赏又可食用。

扦插育苗成活

盆栽枸杞

叶用枸杞花

叶用枸杞采收嫩叶

## 每 100 克叶用枸杞的营养成分

| 主要营养素 | | 主要维生素 | | 矿物质 | |
|---|---|---|---|---|---|
| 蛋白质 | 5.8 克 | 维生素 A | 592 微克 | 钾 | 170 毫克 |
| 脂肪 | 1.1 克 | 维生素 $B_1$ | 0.08 毫克 | 钠 | 29 毫克 |
| 膳食纤维 | 1.6 克 | 维生素 $B_2$ | 0.32 毫克 | 钙 | 36 毫克 |
| 碳水化合物 | 4.5 克 | 维生素 C | 58 毫克 | 镁 | 74 毫克 |
| 热量 | 44 千卡 | 维生素 E | 2.99 毫克 | 磷 | 32 毫克 |
| | | 胡萝卜素 | 1.3 毫克 | 铁 | 2.4 毫克 |
| | | 烟酸 | 3.5 毫克 | 铜 | 0.21 毫克 |
| | | | | 锌 | 0.21 毫克 |
| | | | | 硒 | 0.35 微克 |

### 扦插繁殖

可盆栽、箱栽或是庭院种植。适合扦插育苗。选用硬枝或嫩枝插条均可,以硬枝插条为好,春、夏、秋三季均可进行。插条长10厘米左右,插条上端平截,基部剪成斜面,斜插入土,插穗2/3以上没入土中,地上部分留1~2个芽。可选用花盆或长型种植槽进行育苗。一般在扦插后20~30天即可定植。

### 定植

扦插成活后即可带土移植,枝条入土约2/3,浇透水,遮阴,可覆盖透明塑料袋以保温保湿。

## 对环境条件的要求

**土壤：**对土壤适应性很强，在干旱、盐碱的土壤里都能生长，但不耐涝，以土层深厚、疏松、肥沃、排水性能良好的偏碱性土壤生长最好。

**光照：**喜光照，尤其是在采收后基部枝条重萌腋芽和伸长枝条时，要求较多的光照，但在其他时期较耐阴。

**温度：**喜冷凉的气候条件，适宜生长的温度白天20℃~25℃、夜间10℃左右。白天35℃以上或夜间10℃以下生长不良，有时会落叶。

## 日常管理

定植后应及时中耕除草，随着气度的升高和植株的快速生长，结合天气情况，宜5~7天浇水一次。15天左右追施肥料一次，促进植株快速生长。夏季注意遮阴，以防止高温日照。冬季11月中下旬可应移到室内种植，同时浇水、施肥次数也相应减少。

## 采收

叶用枸杞在植株高30~40厘米时采收，采收幼嫩的茎尖，纤维化最低，可用手掐收，长度10厘米左右，采收后基部留3~5厘米，以使腋芽萌生新枝。生长期间要及时控制采菜层，对于老化的枝条及时回头平茬，保持采菜层在40厘米左右，以便促使嫩枝的孳生。

叶、种、子均可入药

# 紫苏

**科属**：唇形科紫苏属
**别名**：赤苏、白苏、香苏、红苏、黑苏等
**适合种植季节**：春季
**可食用部位**：叶片、种子
**生长期**：80~150 天
**采收期**：定植后 60~150 天
**常见病虫害**：锈病、蚱蜢、小青虫
**易种指数**：★ ★ ★ ☆

### 营养功效

紫苏以茎、叶及子实入药，它既可药用又能食用。入药形式为茎称紫梗；叶称苏叶；子称苏子、黑苏子、赤苏子，是苏子降气汤的重要成分。主治感冒发热、胸闷咳嗽。解蟹中毒引起的腹痛、腹泻、呕吐等症。还可安胎，止妊娠呕吐。紫苏叶可以凉拌、熬粥，还可以直接开水冲泡，有健胃解暑的功效。

### 食用宜忌

一般人群皆可食用，气虚、阴虚及温病者忌服。忌与鲤鱼、螃蟹等同食。

### 推荐美食

紫苏叶拌豆腐、紫苏炒鸡、紫苏排骨

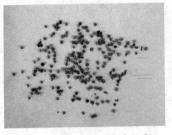

紫苏种子属于深休眠类型，采收后4~5个月才能逐步完全发芽，所以采收后不能马上播种种植，要等一段时间哟

紫苏具有特异的芳香，原产于我国，现主要分布于印度、缅甸、中国、朝鲜、韩国、印度尼西亚和俄罗斯等国。紫苏在我国种植应用有近2000年的历史，主要为药用、油用、香料、食用等方面，其叶（苏

盆栽的紫苏苗

盆栽紫苏

此时两种不同类型的紫苏，均可以进行采收了

采收的紫苏嫩叶

叶)、梗(苏梗)、果(苏子)均可入药,嫩叶可生食、做汤,茎叶可腌渍。

　　紫苏属植物包括紫苏一种及两个变种,变种皱叶紫苏又名鸡冠紫苏、回回苏;另一变种尖叶紫苏,又名野生紫苏。

## 每100克紫苏的营养成分

| | |
|---|---|
| 蛋白质 | 0.2 克 |
| 脂肪 | 11.9 克 |
| 膳食纤维 | 60 克 |
| 碳水化合物 | 9.9 克 |
| 热量 | 174 千卡 |

| | |
|---|---|
| 维生素 $B_1$ | 0.12 毫克 |
| 维生素 $B_2$ | 0.23 毫克 |
| 维生素 $B_3$ | 1.3 毫克 |
| 维生素 C | 68 毫克 |

| | |
|---|---|
| 钾 | 65 毫克 |
| 钠 | 362 毫克 |
| 钙 | 78 毫克 |
| 镁 | 70.4 毫克 |
| 磷 | 68 毫克 |
| 铁 | 2.6 毫克 |
| 铜 | 1.84 毫克 |
| 锌 | 1.21 毫克 |
| 硒 | 4.23 微克 |

### 🌱 培育壮苗

长江流域及华北地区可于3月末至4月初播种，也可育苗移栽，6~9月可陆续采收。紫苏种子属深休眠类型，采种后4~5个月才能逐步完全发芽，如果要进行反季节生长，进行低温处理能有效打破休眠，将刚采收的种子置于低温3℃及光照条件下5~10天，后置于15℃~20℃光照条件下催芽12天，种子发芽可达80%以上。

江南地区育苗以3月中旬最佳。育苗容器可选择比较大的、底部带有多个孔洞的花盆或箱子，以保证育苗器具的通透性。育苗基质可选择细筛筛过的普通田土，也可购买市面上调配好的育苗基质或自行配比，如自行调配，可按照蛭石∶草炭∶珍珠岩∶有机肥=3∶3∶1∶1进行配比，并掺加适量多菌灵，混合均匀，浇透底水备用。种子均匀撒播于盆中，盖一层见不到种子颗粒的薄土，再均匀撒些稻草，保温保湿，经7~10天即发芽出苗。

### 🔧 定植前准备

定植一般在4月中旬，秧苗有2~3对叶时进行。可根据不同食用目的，进行栽培。

### ☀ 对环境条件的要求

紫苏适应性很强，对土壤要求不严。

### 💧 日常管理

生长期间看长势及时追施肥料7~8次。在整个生长期,要求土壤保持湿润,利于植株快速生长。定植后20~25天要摘除初茬叶,第4节以下的老叶要完全摘除。有效节位一般可达20~23节,可采摘的叶达到40~46片。紫苏分枝力强,对所生分枝应及时摘除,在管理上,要特别注意及时打杈,如果不摘除分杈枝,既消耗了养分,拖延了正品叶的生长,又减少了叶片总量而减产。打杈可与摘叶采收同时进行。

## 采收

**采叶:**若用嫩茎叶,可随时采摘。其采收标准是叶片中间最宽处达到12厘米以上,无缺损、无洞孔、无病斑。若秧苗壮健,从第4对至第5对叶开始即能达到采摘标准。6月中下旬及7月下旬至8月上旬,叶片生长迅速,是采收高峰期,平均3~4天可以采摘一对叶片,其他时间一般每隔6~7天采收一对叶片。从5月下旬至9月上旬,一般可采收20~23对合格的商品叶。作药用的苏叶,于秋季种子成熟时,即割下果穗,留下的叶和梗另放阴凉处阴干后收藏。

**采种:**以收获种子为目的时,应适当进行摘心处理,即摘除部分茎尖和叶片,以减少茎叶的养分消耗并能增加通透性。由于紫苏种子极易自然脱落和被鸟类采食,所以种子40%~50%成熟时割下,在准备好的场地上晾晒数日,脱粒,晒干。

# 秋葵

**科属**：锦葵科秋葵属

**别名**：羊角豆、羊绿豆、补肾菜

**适合种植季节**：夏季

**可食用部位**：嫩果

**生长期**：80~120 天

**采收期**：花谢后 4~5 天

**常见病虫害**：猝倒病、病毒病、蚜虫

**易种指数**：★ ★ ★

### 营养功效

秋葵含有铁、钙及糖类等成分,可预防贫血。其分泌的黏蛋白能保护胃壁,并促进胃液分泌,提高食欲,改善消化不良等症状。对青壮年和运动员而言,秋葵可消除疲劳、迅速恢复体力。秋葵还能强肾补虚,对男性器质性疾病有辅助治疗作用,是一种适宜的营养保健蔬菜。

### 食用宜忌

一般人群皆可食用,尤其适合胃炎、胃溃疡、贫血、消化不良者食用。但胃肠虚寒、功能不佳及经常腹泻者不宜多食。适合铝制、不锈钢和搪瓷器皿烹饪,忌用铜制、铁制器皿烹饪或盛装。在凉拌和炒食之前必须在沸水中烫3~5分钟以去涩。另外,秋葵宜与肉类和海鲜同食。

### 推荐美食

茄汁秋葵、虾皮烩秋葵、杏仁炝秋葵、秋葵烘蛋、秋葵蛋花汤

秋葵原产于非洲,为一年生草本植物,花色艳丽,具观赏价值。目前,我国栽培有黄秋葵和红秋葵两种,已成为人们所热烈追捧的高档营养保健蔬菜。

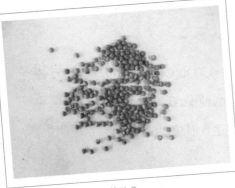

秋葵种子

秋葵苗

黄秋葵花苞

黄秋葵开花

红秋葵开花

### 种子处理

用55℃温水浸种20~30分钟，不断搅拌至水温30℃~35℃，再浸泡10~12小时。淘洗、沥干后晾一下，用湿布包好处理后的种子，在20℃~30℃条件下催芽。每天淋水翻动1~2次，露芽后即可播种。温度适合时也可干籽直播，但由于秋葵种子吸水量大，因此土壤底水要足。

### 种植前准备

秋葵植株高大，根系发达，若盆栽或箱栽，要求盆的直径至少40厘米以上，深度必须在50厘米以上。栽培时最好使用土壤而非基质。土壤可以使用种过花或菜的老土，但使用前一定要经过阳光高温消毒。消毒方法就是将老土和肥料混匀，装在大的透明塑料袋中，扎紧袋口保证密闭，在阳光下暴晒10天即可使用。播种前将土壤浇足水。

### 播种

秋葵适宜5月播种。若盆栽选直径40厘米左右的盆，在中间播3粒种子；若庭院种植播种密度要大，可点播，用手将种子按入浇透水的土壤中即可。大约4天可以出苗，当出现2片真叶时，将长势较弱的苗子拔除，保留健壮的苗子，按株距45厘米、行距50~60厘米的密度定植。

### 对环境条件的要求

**土壤**：秋葵对土壤要求不严，但以耕层深厚、富含有机质的轻质壤土对其生长发育有利。

**光照**：秋葵属喜温短日照植物，喜光。光照弱，植株徒长。特别是高温、弱光下，植株坐果率很低。

**温度**：秋葵性喜温热气候，特别耐热，但是不耐低温，怕霜冻。发芽温度10℃以上，发芽适温28℃~30℃，生长适宜温度；白天25℃~32℃，夜间14℃~20℃。能忍耐白天38℃、夜间30℃以上的高温。

### 日常管理

**中耕、浇水**：秋葵是比较耐旱的植物，因此生长过程中需水较少，生长期浇水以土壤保持湿润为宜，浇水要适量，不可浇水过多、过勤，以防沤根。但进入坐果期后为了保证果实幼嫩，应加大浇水量。每次浇水后应用园艺小耙在根际周围进行中耕。随着植株生长，需要适时培土，防止植株倒伏。

**施肥**：进入坐果期之前，以豆渣为主，植株定植后3~5天，可结合缓苗水追肥一次。挂果后要及时补充钾肥，因此以麻酱肥为主，有条件的在栽培土壤中可埋入草木灰等含钾量比较高的有机物。

**植株调整**：秋葵植株高大，生长前期及时摘除侧枝，中后期及时摘除其植株下部老、黄、病、残叶，以减少养分消掉，利于通风透光，减少病害的发生。

### 采收

花谢后4~5天，嫩果长8~10厘米，果实内种子未老化前用剪刀采收。

| 每 100 克黄秋葵的营养成分 | |
| --- | --- |
| 蛋白质 | 1.8 克 |
| 脂肪 | 0.2 克 |
| 膳食纤维 | 4.4 克 |
| 碳水化合物 | 6.2 克 |
| 热量 | 16 千卡 |
| 维生素 A | 40 微克 |
| 维生素 B$_1$ | 0.05 毫克 |
| 维生素 B$_2$ | 0.09 毫克 |
| 维生素 C | 7 毫克 |
| 维生素 E | 1.03 毫克 |
| 胡萝卜素 | 3.1 毫克 |
| 烟酸 | 0.4 毫克 |
| 钾 | 19 毫克 |
| 钠 | 8.7 毫克 |
| 钙 | 101 毫克 |
| 镁 | 38 毫克 |
| 磷 | 41 毫克 |
| 铁 | 0.2 毫克 |
| 铜 | 0.03 毫克 |
| 锌 | 0.24 毫克 |
| 硒 | 0.54 微克 |

清热解毒、利尿消肿

# 番杏

**科属**：番杏科番杏属

**别名**：新西兰菠菜、洋菠菜、夏菠菜

**播种月份**：春季

**可食用部位**：嫩茎叶

**生长期**：60~180 天

**采收期**：出苗后陆续采收

**常见病虫害**：病虫害少

**易种指数**：★★★☆

**营养功效**

番杏全株可入药，具有清热解毒、利尿消肿等功效，常食番杏对肠炎、败血病、肾病等患者具有较好的缓解病痛的作用。能疗疮红肿、风热目赤、解蛇毒等，并有抗癌作用。

**食用宜忌**

一般人群皆可食用。还可与粳米煮成番杏粥，具有健脾胃、祛风消肿、除泄泻、痢疾等作用。

**推荐美食**

清炒番杏叶、凉拌番杏、番杏馅包子

番杏原产于澳大利亚、新西兰、智利及东南亚等地，主要分布在热带。是适于家庭种植的保健特菜。

## 种子处理

番杏种皮较坚厚,吸水比较困难,在自然状况下发芽期长达15~90天,故播种前须进行预处理。处理方法为一是温汤浸种法,将种子放在55℃左右的温水中浸泡25分钟,待水温降到30℃时浸泡24小时。沥干种子表面的水分,用干净的湿毛巾或纱布包好,置于25℃~28℃的条件下催芽,每天用温水冲洗种子一遍,当有80%种子露芽后便可进行播种。二是也可采用机械处理,方法是将粗沙与种子放在一起研磨,使种皮造成机械损伤,增加种皮的透水性,有利于促进种子萌芽。

## 播种

番杏适宜采用育苗移栽。将番杏种子集中撒播在育苗用的花盆或种植槽中,因为番杏根系发达,茎叶匍匐生长,盆栽宜选用口径25厘米以上、深20厘米左右的大花盆。种子平铺一层不相互重叠即可,后覆盖一层薄土约1厘米即可,视天气决定是否在种植槽外覆盖塑料布保证土壤温度。番杏种皮厚,出芽需要时间较长,一般在10~15天。出苗后要逐渐间苗,去弱留壮。

## 定植

待番杏幼苗长至4~5片真叶时进行移栽,移栽时不可伤根,从根周围下铲,连同土坨一起挖出,而后定植到其他花盆或土壤中,定植土壤为一般园土即可,定植密度为每30平方厘米定植1株,定植后浇水封土。

## 对环境条件的要求

**土壤**:种植前选用以肥沃、疏松、湿润的沙壤土为佳。

**光照**:对光照条件要求不严格,较耐阴,在弱光、强光下均能生长良好,苗期给予充足的光照有利于壮苗的形成。

**温度**:番杏喜温暖湿润的气候,适应性很强,耐热耐寒,但地上部分不耐霜冻。适宜的萌发温度为25℃~28℃,苗期生长的适宜温度为20℃~25℃。在夏季高温条件下仍能正常生长,可以短时间忍受2℃~3℃低温。

**水分**:番杏喜湿润的土壤环境,耐旱力强,不耐涝。湿润的土壤条件有利于番杏的生长发育,苗期土壤应保持见干见湿。整个栽培过程需水量均匀。

## 日常管理

**中耕、浇水:**植株生长期随时可用小耙进行翻耙除草,以疏松土壤,促进根系生长,减少病虫害发生的概率。番杏以嫩茎叶为产品,缺水时叶片变硬,故在生长期要经常浇水,保持土壤见干见湿。

**施肥:**菜苗定植后3~5天,可结合缓苗水追肥一次。以后每7~10天可施肥一次。开始采收后,每采收一次追肥一次,施肥以稀释饼肥或豆渣肥为主。

**植株调整:**番杏的侧枝萌发力强,尤其是在肥水充足时,采收幼嫩茎尖后,萌发更多。生长过旺时应打掉一部分侧枝,使分布均匀,并注意及时摘除植株下部老、黄、病叶。

## 采收

苗期结合间苗、均苗可收获番杏小苗株食用。定苗后随着植株的生长陆续采收嫩茎尖,适宜的采摘长度为10厘米左右,间隔10天左右可采摘一次。

### 每100克番杏的营养成分

| 主要营养素 | | 主要维生素 | | 矿物质 | |
|---|---|---|---|---|---|
| 蛋白质 | 1.5 克 | 维生素 A | 105 微克 | 钾 | 107 毫克 |
| 脂肪 | 0.2 克 | 维生素 $B_1$ | 0.03 毫克 | 钠 | 445 毫克 |
| 膳食纤维 | 2.1 克 | 维生素 $B_2$ | 0.09 毫克 | 钙 | 136 毫克 |
| 碳水化合物 | 0.6 克 | 维生素 C | 46 毫克 | 镁 | 38 毫克 |
| 热量 | 10 千卡 | 维生素 E | 0.23 毫克 | 磷 | 25 毫克 |
| | | 胡萝卜素 | 2.5 毫克 | 铁 | 0.8 毫克 |
| | | | | 锌 | 0.36 毫克 |
| | | | | 铜 | 0.04 毫克 |
| | | | | 硒 | 0.32 微克 |

被视为神圣香草

# 罗勒

**科属**:唇形科罗勒属

**别名**:九层塔、金不换、圣约
瑟夫草

**适合种植季节**:春季

**可食用部位**:叶片

**生长期**:90~150 天

**采收期**:定植后 30~40 天

**常见病虫害**:小青虫

**易种指数**:★ ★ ★

## 营养功效

罗勒含挥发油,性味辛温,药用时具有疏风行气、化湿消食、活血、解毒的功效。
治外感头痛、食胀气滞、脘痛、泄泻、月经不调等症。此外,还有利尿强心、刺激
子宫、促进分娩等功效。

## 食用宜忌

一般人群皆可食用,但气虚血燥者慎食用。

## 推荐美食

九层塔炒鸡蛋、罗勒炖鸡、罗勒虾土豆泥

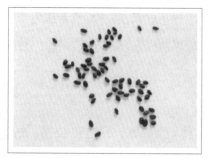

罗勒子

罗勒苗应该进行间苗移栽,一个花盆一棵苗即可

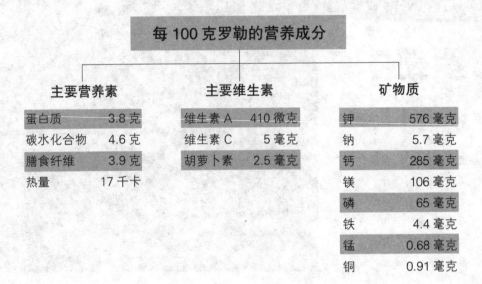

每100克罗勒的营养成分

| 主要营养素 | | 主要维生素 | | 矿物质 | |
|---|---|---|---|---|---|
| 蛋白质 | 3.8 克 | 维生素 A | 410 微克 | 钾 | 576 毫克 |
| 碳水化合物 | 4.6 克 | 维生素 C | 5 毫克 | 钠 | 5.7 毫克 |
| 膳食纤维 | 3.9 克 | 胡萝卜素 | 2.5 毫克 | 钙 | 285 毫克 |
| 热量 | 17 千卡 | | | 镁 | 106 毫克 |
| | | | | 磷 | 65 毫克 |
| | | | | 铁 | 4.4 毫克 |
| | | | | 锰 | 0.68 毫克 |
| | | | | 铜 | 0.91 毫克 |

罗勒原产地在印度及西亚等地，印度人视其为神圣的香草，是天神赐给人类的恩典。罗勒由印度传入我国，我国在河南、安徽等地栽培较多。目前已上市的品种有甜罗勒、圣罗勒、紫罗勒、绿罗勒、密生罗勒、矮生紫罗勒、柠檬罗勒等。罗勒全草有强烈的香味，植株绿色，有时紫色。

罗勒种子中医上称为光明子，服用后可治疗眼科性的疼痛。我国市场上也出现了用它作为零陵香、佩兰的代用药。

罗勒的幼茎叶有香气，切碎后可直接放入凉拌菜或者沙拉中，或者作为芳香蔬菜在肉的料理中使用。开花季节采收后，干燥再制粉末收藏起来，可作为香味料随时使用。

### 种子处理

**选种**：种子应选择发芽力旺盛的新鲜饱满种子，经筛选、风选和水选除去杂质、细土和瘪粒。

**浸种:**将种子放入容器内,先倒入一点冷水,将种子浸湿。3~5分钟后,等种子表皮浸湿并吸收一些水分之后,慢慢向容器内倒入热水,边倒边用木棒搅拌,使种子受热均匀。当容器内水温升到50℃~55℃时,便可停止加热水;当温度下降时,再加些热水,使水温保持要求的温度15~20分钟后,自然冷却至25℃左右,继续浸种,浸种时间以种子吸水刚好饱和为准。罗勒浸种7~8小时后,种子表面通常出现一层黏液,在催芽过程中容易发霉导致烂种。因此,在浸种后要用清水反复漂洗种子,并且要用力搓洗,直到去掉种子表面的黏液。

**催种:**将种子放入纱布袋里,用力将水甩净,用湿毛巾或纱布盖好,保温保湿,放在25℃左右的温度下进行催芽。在催芽过程中,每天用清水漂洗一次,控净,如种子量大,每天翻动1~2次,使温度均衡,出芽整齐。催芽前期温度可略高,促进出芽,当芽子将出(种子将张嘴)时,温度要降3℃~5℃,使芽粗壮整齐。芽出齐后,如遇到特殊天气,可将芽子移到5℃~10℃的地方,控制芽子生长,等待播种。

## 种植前准备

罗勒属植物的变种,品种极多,应该根据栽培的目的进行品种的选择。如果以食用幼嫩茎叶为主可以选择甜罗勒;如果以提取精油为主,可以选择丁香罗勒;盆栽的话,可以选用绿罗勒。定植前先准备栽培土,把适量的豆渣或麻酱饼与土壤混合均匀,放置于圆形花盆或长方形箱式栽培盆中。

## 定植

大约经过1个月,幼苗长出两对真叶,可再移栽于花盆或土中。

## 对环境条件的要求

罗勒性喜日照充足及排水良好的栽培环境,对寒冷非常敏感,在热和干燥的环境下生长得最好。

### 🪣 日常管理

罗勒定植后生长快速,当主茎发育生长到约20厘米高或真叶达12片时,保留6~8片叶给予摘心,以促进分枝产生。罗勒生性强健,且因具有特殊芳香味道,很少发生病虫为害,栽培时不须采取特别防治措施。

### 🧺 采收

罗勒的采收方式因利用性不同而异,当做烹调或蔬菜食用时,可直接用手采摘未抽花序的嫩心叶,如此可不断促进侧芽产生,以便日后继续采收;若为加工用途或萃取精油,宜待花序抽出开花初期采收最为适当,此时植株含油量最多且风味最佳;当盆栽时,则任其生长与开花,以欣赏不同罗勒品种的花色与花姿。

1.圣罗勒

2.绿罗勒

3.黑宝石罗勒

# 荠菜

**科属:**十字花科荠菜属

**别名:**荠、靡草、花花菜、护生草等

**适合种植季节:**春、夏、秋季

**可食用部位:**整株

**生长期:**40~60 天

**采收期:**播种后 30~50 天

**常见病虫害:**蚜虫、霜霉病

**易种指数:**★★★

### 营养功效

荠菜具有明目、清凉、和脾、解热、利尿、治痢等作用。常用于治疗产后出血、痢疾、水肿、肠炎、胃溃疡、感冒发热、目赤肿疼等病症。荠菜所含的荠菜酸是有效的止血成分,能缩短出血及凝血时间。荠菜不仅可以降低血液及肝里胆固醇和三酰甘油的含量,而且还有降血压的作用。荠菜含有大量的粗纤维,食用后可增强大肠蠕动,促进排泄,从而增进新陈代谢,有助于防治高血压、冠心病、肥胖症、糖尿病、肠癌等。荠菜含有丰富的胡萝卜素,故是治疗眼干燥症、夜盲症的良好食物。

### 食用宜忌

一般人群皆可食用,但便溏者慎食。另外,食用时不要加蒜、姜、料酒来调味,以免破坏荠菜本身的味道。此外,宜与豆腐、鸡蛋同食。

### 推荐美食

荠菜豆腐汤、荠菜馅包子、荠菜鱼头汤

荠菜原产于我国,目前遍布世界,我国自古就采集野生荠菜食用,早在公元前300年就有荠菜的记载。19世纪末至20世纪初,上海郊区开始栽培,至今已有100多年的历史。生产上主要有两个品种:板叶荠菜和散叶荠菜。板叶荠菜又叫大叶荠菜,该品种抗寒和耐热力均较强,早熟,生长快,外观商品性好,风味鲜美;其缺点是香气不够浓郁,冬性弱,抽薹较早,不宜春播,一般用于秋季栽培。散叶荠菜,又叫百脚荠菜、慢荠菜、花叶荠菜、小叶荠菜、碎叶荠菜、碎叶头等,该品种抗寒力中等,耐热力强,冬性强,比板叶荠菜迟10~15天,香气浓郁,味极鲜美,适于春季栽培。

## 种植前准备

荠菜若盆栽以选择浅瓦盆为宜,可保证其良好的通透性。可于花盆下附底碟,以防止浇水时渗出,影响环境及观赏效果。

## 播种

荠菜的种子非常细小,因此整个播种都必须小心谨慎。荠菜通常撒播,但要力求均匀,播种时可均匀地拌和1~3倍细土。播种后轻轻地压一遍,使种子与土紧密接触,以利种子吸水,提早出苗。荠菜种子有休眠期,当年的新种子不宜利用,因未脱离休眠期,播后不易出苗。

## 对环境条件的要求

荠菜属耐寒性蔬菜,要求冷凉和晴朗的气候。种子发芽适温为20℃~25℃。生长发育适温为12℃~20℃,气温低于10℃高于22℃则生长缓慢,生长周期延长,品质较差。荠菜的耐寒性较强,-5℃时植株不受损害,可忍受-7.5℃的短期低温。在2℃~5℃的低温条件下,荠菜10~20天通过春化阶段即抽薹开花。荠菜对土壤的选择不严,但以肥沃、疏松的土壤栽培为佳。

## 日常管理

**浇水、排水:**在正常气候下,春播的5~7天能齐苗;夏秋播种的,3天能齐苗。出苗前要小水勤浇,保持土壤湿润,以利出苗。出苗后注意适当浇水,保持湿润为宜。浇水不可用水管直接灌水,需用孔径较细的喷壶淋水。雨季应注意及时排水防涝,以防沤根。如有泥浆溅在菜叶或菜心上时,要在清晨或傍晚将泥浆冲掉,以免影响荠菜的生长。

**施肥**:春夏栽培的荠菜,由于生长期短,一般追肥2次。第1次在2片真叶时,第2次在相隔15~20天后。秋播荠菜的采收期较长,每采收一次应追肥一次,可追肥4次,施量同春播荠菜。追施的肥料可选用尿素,或从市场上直接购买的精制冲施肥均可;若为降低成本,也可选用浸泡过的稀麻渣水。

**除草**:荠菜植株较小,易与杂草混生,在管理中应经常拔草,做到拔早、拔小、拔了,勿待草大压苗,或拔大草伤苗。

### 🧺 采收

春播和夏播的荠菜,生长较快,从播种到采收的天数一般为30~50天,采收的次数为1~2次。秋播的荠菜,从播种至采收为30~35天。采收时,选择具有10~13片真叶的大株采收,带根挖出,留下中、小苗继续生长。同时注意先采密的植株,后采稀的地方,使留下的植株分布均匀。采后及时浇水,以利中、小苗继续生长。

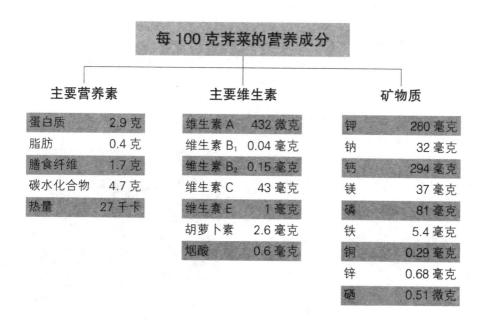

**每 100 克荠菜的营养成分**

| 主要营养素 | | 主要维生素 | | 矿物质 | |
|---|---|---|---|---|---|
| 蛋白质 | 2.9 克 | 维生素 A | 432 微克 | 钾 | 280 毫克 |
| 脂肪 | 0.4 克 | 维生素 $B_1$ | 0.04 毫克 | 钠 | 32 毫克 |
| 膳食纤维 | 1.7 克 | 维生素 $B_2$ | 0.15 毫克 | 钙 | 294 毫克 |
| 碳水化合物 | 4.7 克 | 维生素 C | 43 毫克 | 镁 | 37 毫克 |
| 热量 | 27 千卡 | 维生素 E | 1 毫克 | 磷 | 81 毫克 |
| | | 胡萝卜素 | 2.6 毫克 | 铁 | 5.4 毫克 |
| | | 烟酸 | 0.6 毫克 | 铜 | 0.29 毫克 |
| | | | | 锌 | 0.68 毫克 |
| | | | | 硒 | 0.51 微克 |

# 茴香

**科属:**伞形科茴香属

**别名:**茴香菜、香丝菜、小茴香

**适合种植季节:**春、秋季

**可食用部位:**嫩叶

**生长期:**60~120 天

**采收期:**播种后 40 天

**常见病虫害:**白粉病、根腐病、
　　蚜虫

**易种指数:**★★★☆

**营养功效**

茴香菜含有丰富的维生素B₁、维生素B₂、维生素C、胡萝卜素及纤维素,其具有的特殊香辛气味是茴香油,可以刺激肠胃的神经血管,具有健胃理气的功效,同时还有缓解痉挛、减轻疼痛的作用。茴香苗叶生捣取汁饮或外敷,可以治恶毒痈肿。

**食用宜忌**

一般人群皆可食用,特别适宜痉挛疼痛者及白细胞减少症患者,但阴虚火旺者不宜食用。不宜短期大量食用。

**推荐美食**

茴香馅饺子、茴香鲫鱼火锅、茴香肉饼

茴香在欧洲、地中海沿岸及我国各地均有种植。作为栽培的茴香有 3 个品种:大茴香、小茴香、球茎茴香(详见上文)。

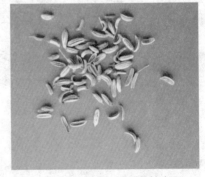

茴香种子本身可以作为调料使用

茴香苗期

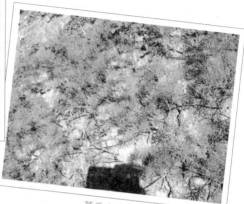

茴香生长期

茴香成熟

### 种子处理

　　茴香干籽直播，出芽较慢，因此需要浸种。可将种子用凉水浸泡 24 小时，漂出秕子和杂质，洗去黏液，置于 15℃ ~ 20℃温度下催芽，胚根露出后及时播种。5~6 天可出芽整齐。

## 种植前准备

我国北方主要春秋两季栽培。

**春播：**3月下旬至4月上旬栽培，5月中下旬收获。

**秋播：**7~8月份栽培，9月份收获。茴香种子小，发芽后的幼苗顶土力弱，因此栽培土要细碎松软，平整如镜，以备待播。定植前要对栽培基质进行消毒。定植还要浇足底水。

## 定植

茴香不宜重茬，故应避免连作。定植前要深翻土壤。茴香可进行条播或者撒播，播完后撒上一层细土。可覆盖一层塑料膜以遮阴保湿。一旦出芽要尽快撤去塑料膜。

## 对环境条件的要求

**土壤：**茴香根系强大，抗旱怕涝，应选择土层深厚、通透性强、排水好的沙壤或轻沙壤土种植。但要求土质疏松，氮、磷、钾均衡，才能生长良好。

**温度：**茴香属于耐寒而适应性广的绿叶菜，既耐寒，又耐热，生长期间的适宜温度为15℃~25℃。

**水分：**茴香是以柔嫩多汁的叶片供食用，必须水分充足，保持土壤湿润，防止干旱，才能获得鲜嫩的产品。

**光照：**茴香对光照要求不严格，但光照充足有利于生长。

## 日常管理

茴香幼苗顶土力弱，苗期生长缓慢，出苗前后要及时消除板结，助苗出土，待幼苗出土显行后及时除草，苗期应及时中耕除草，保持田间疏松干净，以利生长发育。苗高6~8厘米时，间一次苗，以利形成壮苗。出苗后，视土壤情况适当浇水,保持幼苗期畦面湿润。苗高 30 厘米时进行追肥,尿素即可。

茴香以嫩叶为产品,从株高 7~8 厘米到长成植株,随时都有食用价值,所以采收期长。茴香特别是小茴香再生能力很强,可以多次采收,第 1 次收割从主干基部 5 厘米处下刀,保留 3 个以上的腋芽,第 2 次是收割萌发的新枝,仍保留 2~3 个腋芽。最多可收割 4 次,每次收割后待伤口愈合后再浇水追肥。

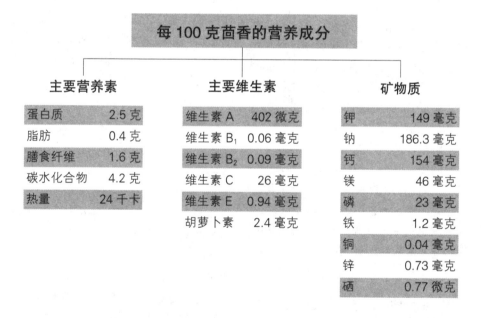

### 每 100 克茴香的营养成分

| 主要营养素 | | 主要维生素 | | 矿物质 | |
|---|---|---|---|---|---|
| 蛋白质 | 2.5 克 | 维生素 A | 402 微克 | 钾 | 149 毫克 |
| 脂肪 | 0.4 克 | 维生素 B₁ | 0.06 毫克 | 钠 | 186.3 毫克 |
| 膳食纤维 | 1.6 克 | 维生素 B₂ | 0.09 毫克 | 钙 | 154 毫克 |
| 碳水化合物 | 4.2 克 | 维生素 C | 26 毫克 | 镁 | 46 毫克 |
| 热量 | 24 千卡 | 维生素 E | 0.94 毫克 | 磷 | 23 毫克 |
| | | 胡萝卜素 | 2.4 毫克 | 铁 | 1.2 毫克 |
| | | | | 铜 | 0.04 毫克 |
| | | | | 锌 | 0.73 毫克 |
| | | | | 硒 | 0.77 微克 |

# 常见蔬菜栽培术语

## B

**包衣种子** 在种子外面裹有"包衣物质"层的作物种子，使原来的小粒或形不正的种子加工成为大粒、形正的种子。"包衣物质"中含有肥料、杀菌药剂和保护层等。包衣种子可促进出苗，提高成苗率，使苗的生长整齐且健壮。

**不定根** 是植物的茎或叶上所发生的根。

## C

**菜畦** 指菜地，有土埂围着的一块块排列整齐的种蔬菜的田。

**抽薹** 主要是由于节间伸长进入营养生长的丛生型植物的茎，受到温度等环境变化的刺激，随着花芽的分化，茎开始迅速伸长，植株变高，此现象称为抽薹。此时，节数的增加受到抑制，仅是节间的伸长。

**春化阶段** 又称感温阶段，是植物个体发育的一个时期。植物在对外界条件的要求中，以特定的温度条件(适当低温)为主要因素，只有满足这些条件，植物才能继续正常生长发育。一般秋、冬播越冬作物春化阶段较明显，春播作物不明显。

## D

**滴灌** 灌溉的一种方法，使水流通过设置的管道系统缓缓滴到植物体的根部和土壤中。

**点播** 播种的一种方法。按一定距离进行开穴，每穴播入数粒种子，随即进行覆土或覆盖。

**蹲苗** 在一定时期内控制施肥和灌水，进行中耕和镇压，使幼苗根部下扎，生长健壮，防止茎叶徒长。

## F

**发蘖** 分蘖。

**翻盆** 植株长大后更换种植盆，为植株提供更大一些的种植空间。

**腐熟** 不易分解的有机物(如粪、尿、秸秆、落叶、杂草)经过微生物的发酵分解，产生有效肥分，同时也形成腐殖质。

**腐殖质** 动植物残体在土壤中经微生物分解而形成的有机物质。能改善土壤，增加肥力。

**附壁式栽培** 在露台的墙壁和屋顶外檐固定挂钩，其上牵绳或缚竿，形成类栅栏的东西，或者利用露台的围栏作为支撑物，用其栽培藤蔓蔬菜类。

## G

**沟施** 又叫条施，是施肥的一种方法，是指在行间靠近作物的根部开沟，把肥料施在沟里。

**灌根** 就是把药倒在植物的根部，以此来防治病虫害或促进苗木生长。此法可节省药剂，提高效率。

## H

**缓苗水** 又称顺跟水，它是指苗后的第1次大水漫灌，或者第1次浇水不足后有在短时间又浇一遍的水。

**活棵** 指植物移栽后成活。

## J

**基肥** 是在作物播种或移栽前施的肥。

厩肥、堆肥、绿肥等肥效较慢的肥料适合做基肥,也叫底肥。

**基质** 植物、微生物从中吸取养分借以生存的物质,如营养液等。

**间作** 一茬有两种或两种以上生育季节相近的蔬菜,在同一块田地上成行或成带(多行)间隔种植的方式。

**见干见湿** 指浇水时一次浇透,然后等到土壤快干透时再浇第 2 次水,它的作用是防止浇水过多导致烂根和潮湿引起的病虫害。

**筋腐果** 又称条腐果、带腐果,俗称"黑筋""乌心果"等。

## K

**控上促下** 控制植物地面上部分的生长,促进地下部分的生长。

## L

**拉十字** 苗期子叶和真叶生长,从正面看像个汉字的"十"字。

**炼苗** 是在保护地育苗的情况下,采取放风、降温、适当控水等措施对幼苗强行锻炼的过程,使其定植后能够迅速适应露地的不良环境条件,缩短缓苗时间,增强对低温、大风等的抵抗能力。

**轮作** 是指在同一地块上,按一定的年限,轮换栽培几种性质不同的蔬菜,这是合理利用土壤肥力、减轻病害、提高劳动生产率的有效措施,如大蒜和葱收后种植大白菜。也叫倒茬或调茬。

## M

**密生苗** 苗与苗之间距离很近,需要进行间苗。

## N

**泥炭土** 是指在某些河湖沉积低平原及山间谷地中,由于长期积水,水生植被茂密,在缺氧情况下,大量分解不充分的植物残体积累并形成泥炭层的土壤。

## O

**沤根** 根部长时间被浸泡。发生沤根时,根部不发新根或不定根,根皮发锈后腐烂,致使地上部萎蔫,叶缘枯焦。严重时,成片干枯。

## P

**喷灌** 利用压力把水通过喷头喷到空中,形成细小的水滴,再落到地面或植物体上。

## R

**人工授粉** 用人工方法把蔬菜花粉传送到柱头上以提高坐果率的技术措施,是有目的地选择亲本进行蔬菜杂交育种的必要手段,如南瓜等蔬菜需要人工授粉,以提高坐果率。

**日灼** 也叫日烧,植物受高温伤害的一种现象。因为夏秋高温,尤其是夏季,日光直射植物叶片或果实时间过长,会引起植物烧伤。

## S

**墒情** 土壤湿度的情况。

**烧苗** 一次施肥过多或过浓,就会造成土壤溶液的浓度大于根毛细胞液的浓度,结果使根毛细胞液中的水分渗透到土壤溶液中去,这样根毛细胞不但吸收不到水分,反而还要失去水分,从而使植物萎蔫,这就是烧苗。

**渗灌** 即地下灌溉,是利用地下管道将灌溉水输入田间埋于地下一定深度的渗水管道或鼠洞内,借助土壤毛细管作用湿润土壤的灌水方法。

**生肥** 是指没有经过腐熟分解的农家肥料,是迟效性肥料,不易被农作物吸收。

**疏花疏果** 人为地去除一部分过多的花和幼果,以获得优质果品和持续丰产。

## T

**套种** 套作,套播。在某一种作物生长的后期,在行间播种另一种作物,以充分利用地力和生长期,增加产量。

**藤架式栽培** 在露台的外边角立竖竿,上方置横竿,用铁丝等使其固定形成棚架,把瓜果等蔓生蔬菜的枝叶牵引至棚架上,形成荫篱。

**提苗肥** 提高苗长大的肥。

**徒长** 作物在生长期间,因生长条件不协调而茎叶生长过旺。徒长影响产量和品质。

**团棵** 植物在幼苗期叶片在短缩的茎上排列成团状,故称"团棵"。团棵期是幼苗期结束的特征。

## W

**胃毒作用** 是指药剂通过害虫的口器和消化道进入虫体,使害虫中毒死亡。

## X

**稀盆** 对盆栽蔬菜进行盆与盆之间的密度处理,一般是减少盆的数量,以保证蔬菜之间有足够的空隙,防止叶片黄化和生病。

**休眠状态** 某些植物为了适应环境的变化,生命活动几乎到了停止的状态,如植物的芽到冬季停止生长等。

**须根** 根的一种,这种根没有明显的主根,只有许多细长像胡须的根。

**穴施** 也叫点施,是将基肥放入按行距和株距挖的坑内,再将追肥施在离作物根部两三寸远的地方挖的小坑内。这种方法比较节肥。

## Y

**有机质** 一般指植物体和动物的遗体、粪便等腐烂后变成的物质,里面含有植物生长所需要的各种养料。肥沃的土壤含有有机质较多。

**园土** 又称菜园土、田园土,是普通的栽培土,因经常施肥耕作,肥力较高,团粒结构好,是配制培养土的主要原料之一。缺点是干时表层易板结,湿时通气透水性差,不能单独使用。

## Z

**栽培槽式栽培** 在露台的地面上用木板或砖直接围成长方形或异性的种植槽,槽内可进行简单的搭架,种植蔓生蔬菜植物等。

**整地** 作物播种或移栽前进行的一系列土壤耕作措施的总称。

**中耕** 作物生长期中,在植株之间进行除草、松土、培土等。

**株型** 株型一般分为叶型、茎型、穗型和根型等。

**追肥** 是在农作物生长期内施的肥。

**子叶** 种子植物胚的组成部分之一,是种子萌发的营养器官。